Meine Katze

Alles Wissenswerte rund um die geliebten Samtpfoten

Graham Meadows & Elsa Flint

Meine Katze

Alles Wissenswerte rund um die geliebten Samtpfoten

EDITION XXL

Obwohl sie manchmal abwesend und desinteressiert wirken, sind Katzen neugierige Tiere, die gerne wissen, was in der Nachbarschaft los ist.

Inhalt

Im Zusammensein mit Haustieren lernen Kinder einen liebe- und respektvollen Umgang mit anderen Lebewesen und entwickeln ein Verständnis für den Tod.

Katzen und Menschen

Hunde haben Herren, Katzen haben Bedienstete (anonymer Verfasser)

Diejenigen von uns, die von ihrer Katze vereinnahmt werden, würden wahrscheinlich die Theorie unterschreiben, dass die Katze keineswegs durch den Menschen domestiziert wurde, sondern sich selbst bei ihm heimisch machte, indem sie einfach zu ihm kam, sich anpasste und (in vielen Fällen) sein Leben bestimmte. Mit wenigen Ausnahmen sind moderne Hauskatzen unabhängige Einzelgänger geblieben und haben eine undefinierbare wilde Ader in sich. Manchmal sieht unsere Katze uns an, als wollte sie sagen: „Ich lebe zwar in deinem Haushalt, aber erwarte nicht von mir, dass ich mich nach dir richte."

Der Ursprung der Hauskatze

Ein entfernter Vorgänger der heutigen Hauskatze könnte die Martelli-Wildkatze (Felis lunensis) gewesen sein, eine Spezies, die bereits ausgestorben ist. Sie hatte eine ähnliche Größe wie die heutigen kleinen Wildkatzen. Vor zirka 600 000–900 000 Jahren könnte sich daraus die Spezies Felis silvestris entwickelt haben, von der drei verschiedene Typen abstammen. Die Europäische Wildkatze, auch Waldkatze genannt (F. silvestris silvestris), die Steppenkatze oder Asiatische Wildkatze (F. silvestris ornata) und die Afrikanische Wildkatze (F. silvestris lybica). Letztere bewohnte den größten Teil Asiens und Nordafrikas. Da es vorwiegend im Nahen Osten zum Prozess der Domestizierung kam, war die Afrikanische Wildkatze mit großer Sicherheit der Hauptvorfahre der heutigen Hauskatze.

Domestizierung

Wie bei anderen Haustieren lief der Prozess der Domestizierung auch bei Katzen über einen langen Zeitraum ab. Wildkatzen schlossen sich den Menschen an, als sie aufhörten, Jäger und Sammler zu sein, feste Siedlungen errichteten, Getreide anbauten und Getreidelager anlegten. Getreidelager zogen Mäuse und Ratten an und diese wiederum zogen Wildkatzen an.

Jeder Ackerbauer mit etwas Sinn und Verstand musste die Vorteile erkennen, die es hatte, wenn Katzen blieben und die Schädlinge kontrollieren halfen. So entstand eine lockere, aber für beide Seiten vorteilhafte Verbindung.

Wann der Prozess der Domestizierung begann, ist allerdings nicht geklärt. Schätzungen beziehen sich auf archäologische Funde, bei denen die sterblichen Überreste von Katzen entdeckt wurden. Sie lassen eine enge Verbindung zum Menschen vermuten.

So wurden unterschiedliche Überreste von Katzen an archäologischen Stätten in Ägypten gefunden, die auf 6700 v. Chr. datiert werden. Allerdings kann man daraus nicht sicher schließen, dass sie domestiziert waren. Wahrscheinlicher ist, dass es sich um Wildkatzen handelte. Wenn Sie der Meinung sind, dass ein Katzenskelett, das mit einem Menschen begraben wurde, ein Beweis dafür ist, dass die Katze domestiziert war, dann ist das 7000 Jahre alte Grab in Mostagedda in Ägypten Beweis genug. Dort brachten Ausgrabungen einen Mann zutage, der mit zwei Tieren zu seinen Füßen begraben war: einer Katze und einer Gazelle.

Wenn Sie das nicht überzeugt, müssen Sie gedanklich einen Sprung von 2500 Jahren machen – zur frühsten bildlichen Darstellung von Katzen auf ägyptischen Gräbern. Als weiterer Beweis mag der Fund von Katzenüberresten an einer archäologischen Stätte im Industal in Asien dienen, der auf 2000 v. Chr. datiert wird. Diese Katze könnte durchaus einer domestizierten Art angehört haben. Darüber hinaus gibt es bildliche Darstellungen von Katzen aus der gleichen Periode, die darauf hindeuten, dass sie domestiziert waren.

Ab dieser Zeit gibt es zahlreiche Beweise, die belegen, dass Katzen in ägyptischen Haushalten zu finden waren. Ein Gemälde im Grab des Hafenmeisters May und seiner Frau Tui in Theben (das auf zirka 1600 v. Chr. datiert wird) zeigt eine rote Katze, die neben Tuis Stuhl sitzt. Sie trägt ein Halsband und ist mit einer Leine am Stuhl festgebunden. Dies deutet stark darauf hin, dass sie ein Haustier war, wenngleich man auch darüber streiten könnte.

Ein Bild in einem Grab eines Menschen namens Baket (auf zirka 1500 v. Chr. datiert) zeigt einen Hausdiener, der eine Katze beobachtet. Diese hat ihren Blick auf eine Ratte gerichtet. Auch in anderen Gräbern in Theben finden sich Bilder von Katzen. Eines (auf 1400 v. Chr. datiert) stellt eine Katze dar, die auf dem Schoß des Bildhauers Ipuy sitzt. Weitere Artefakte weisen darauf hin, dass Katzen in dieser geschichtlichen Periode nicht nur als Haustiere gehalten wurden, sondern dem

Katzenverehrung und Kultur

Vor vielen Tausend Jahren gab es in Ägypten einen ausgeprägten Katzenkult. Die Katzengöttin Mafdet galt als Schlangentöterin und Beschützerin des Pharaos im königlichen Palast. Darstellungen von ihr finden sich in den Pyramidenkammern der Fünften und Sechsten Dynastie (vor 2280 v. Chr.).

Die alten Ägypter schätzten die Katze als Bewacherin der Kornkammern. Sie war per Gesetz geschützt, und in den Tempeln wurden heilige Katzen gehalten. Im Tempel der Katzengöttin Bast (auch Pasht) wurden Tausende von Katzen mumifiziert und in Gräbern bestattet. Der Katzenkult erreichte seinen Höhepunkt um 500 v. Chr. Wie neuere Forschungen gezeigt haben, züchteten die Ägypter viele Katzen speziell, um sie zu opfern, da die mumifizierten Katzen ein gebrochenes Genick hatten und viele von ihnen noch kleine Kätzchen waren.

Katzen wurden im alten Ägypten verehrt und viele wurden mumifiziert, um ihre Besitzer in die nächste Welt zu begleiten.

Eine Löwin (Panthera leo) ist stets auf der Hut vor potenziellen Gefahren für ihre Jungen, selbst wenn diese schon größer und nicht mehr so hilflos sind.

Menschen auch beim Jagen halfen. Mindestens drei Grabzeichnungen – eine davon im Grab des Bildhauers Nebuman (zirka 1400 v. Chr.) – zeigen Katzen zusammen mit Vogeljägern, die versuchen, Enten und andere Vögel zu erlegen, und es sieht ganz danach aus, als seien die Katzen an der Jagd beteiligt. Halfen sie, das Federvieh aus dem Schilf aufzuscheuchen, und/oder sammelten sie die erlegten Tiere ein? Skeptiker könnten natürlich sagen, dass sie lediglich dort waren, um in den Genuss eines kostenlosen Mittagessens zu kommen.

Die Zähmung der Katze

Einer Theorie zufolge kam es während des Prozesses der Domestizierung zu einer genetischen Veränderung, bei der sich die angeborene Aggression der Wildkatze verringerte, sodass eine Domestizierung möglich wurde. Die Theorie basiert auf der Annahme, dass Zahmheit (ein Mangel an Aggression) bei Wildkatzen nicht vererbt wird. Einzelne Tiere können zwar gezähmt werden, ihre Nachkommen werden aber wieder mit einem wilden Temperament geboren und müssen ebenfalls gezähmt werden. Bei der Hauskatze wird die Zahmheit

Katzen sind außergewöhnlich behände und können kraftvoll und zielgenau springen.

dagegen von der Mutter auf ihre Jungen vererbt – daher, so die Theorie, muss eine genetische Veränderung stattgefunden haben.

Die Idee der Domestizierungsmutation ist faszinierend. Die Vertreter dieser Theorie gehen davon aus, dass durch die Mutation die Entwicklung bestimmter erwachsener Verhaltensmuster verhindert wird, sodass erwachsene Tiere einige kindliche Verhaltensweisen

Der Ursprung der Russisch Blau ist nicht eindeutig geklärt. Angeblich brachten Seeleute ein paar Exemplare aus der nordrussischen Hafenstadt Archangelsk mit nach Britannien.

beibehalten. Und diese machen sie geeigneter für eine Domestizierung. Man bezeichnet dieses Phänomen als Neotenie. Bei Katzen hat sie folgende Auswirkung: In der freien Natur sind Katzen Einzelgänger. Enge Familienbande entstehen nur, wenn eine Katze Junge bekommt und diese aufzieht. Doch sobald die Kätzchen unabhängig werden, löst sich die enge Bindung und alle Familienmitglieder werden zu Einzelgängern.

Hauskatzen dagegen sind viel geselliger. Man nimmt an, dass sie etwas von ihrem kindlichen Instinkt behalten, zusammenzubleiben. Wenn Besitzer einer Katze, die Junge hatte, sich beispielsweise entscheiden, eins der Kätzchen zu behalten, bleibt die enge Beziehung zwischen diesem und der Katzenmutter häufig erhalten.

Es ist allerdings auch möglich, dass es durch den Prozess menschlicher Selektion zur Neotenie kam, da die Menschen die Katzen behielten, die am handzahmsten waren, und sie weiterzüchteten. Diejenigen, die einen kindlicheren Charakter hatten, waren familienorientierter und daher besser für ein Leben beim Menschen geeignet. Welche der beiden Theorien stimmt, lässt sich nicht mit Sicherheit sagen. Fest steht, dass das wilde Temperament auch bei einigen Hauskatzen noch deutlich erkennbar ist.

Die Verbreitung der Katzen

Mit der Zunahme von Handelswegen in den Mittelmeerländern und Asien kam es auch zu einer stärkeren Verbreitung von Hauskatzen. Um 900 v. Chr. nahmen phönizische Händler sie mit nach Italien. Von dort verbreiteten sie sich langsam über das restliche Europa. In dieser Zeit kam es zu einer Vermischung mit den Genen der Europäischen Wildkatze.

Man weiß, dass Katzen um 1000 n. Chr. – zur Zeit der frühen Besiedlung durch die Wikinger – bereits in England eingetroffen waren. An verschiedenen archäologischen Ausgrabungsstätten wurden Katzenskelette aus dieser Zeit gefunden (zum Beispiel in der alten Wikingerstadt Jorvik in York).

Es gibt 160 Farbvariationen bei den Perserkatzen.

Die blauen Augen sind das auffälligste Merkmal der Siamkatze.

All diese Katzen hatten ein kurzhaariges Fell, doch weiter im Osten entwickelten sich langhaarige Katzen. Das Gen für ein langes Fell stammt möglicherweise vom sogenannten Manul (Felis manul) – auch Pallaskatze genannt – aus Zentralasien. Wahrscheinlicher ist allerdings, dass es sich durch künstliche Selektion entwickelte. Das Langhaargen breitete sich von Südrussland über Pakistan bis in die Türkei und den Iran aus und tauchte schließlich bei den Angora- und Perserkatzen auf. Im 16. Jahrhundert kamen langhaarige Rassen von der Türkei nach Italien. Zu dieser Zeit traf auch die Manxkatze auf der Isle of Man ein. Sie wurde von spanischen Händlern aus dem Fernen Osten mitgebracht.

Die ersten Kolonisten nahmen kurzhaarige Katzen mit, als sie in die Neue Welt emigrierten, und spätere Siedler nahmen verschiedene Rassen mit nach Australien und Neuseeland.

Die meisten roten Katzen sind männlich, da die Fellfarbe durch ein Gen bestimmt wird, das mit dem Geschlecht verknüpft ist.

Fellfarben und Zeichnungen

Man nimmt an, dass einige Fellfarben von Hauskatzen sehr alt sind, da sie sich über einen langen Zeitraum auf der ganzen Welt verbreiten konnten. Dazu gehören die Fellfarben schwarz, blau (eine schiefergraue Farbe, die ein „verdünntes" Schwarz ist) und orange (rot). Die Fellzeichnungen bei den Siam- und Burmakatzen sind dagegen weniger alt. Sie entwickelten sich in Südostasien und wurden dort gezielt vom Menschen erhalten.

Züchten

Katzen sind von Natur aus umherstreifende Tiere. Bevor die selektiven Zuchtprogramme vor 150 Jahren begannen, führte dies zu einer starken Vermischung der Gene. Daher kennt man den Ursprung vieler heutiger Rassen nicht genau. Man nimmt aber an, dass bei Katzen mit einem gedrungeneren Körper wie der Britischen Kurzhaarrasse und den Perserkatzen der Einfluss der Europäischen Wildkatze sichtbar ist. Die orientalischen Züchtungen (wie Abessinier- und Siamkatzen) haben dagegen den geschmeidigen Körper der Afrikanischen Wildkatze.

Es gibt keinen Beleg für die These, dass einige Rassen wie die Angora-, China- oder Siamkatze einen asiatischen Ursprung haben und von der Pallaskatze (Otocolobus manul) oder ihren engen Verwandten abstammen, da ihr Schädel keine Ähnlichkeit mit dem der asiatischen Rassen hat.

Die Entstehung von Rassen

Erst Mitte des 19. Jahrhunderts begann man in Europa, Katzen selektiv zu züchten und Stammbäume zu erstellen. Einige Züchter begannen ein Zuchtprogramm, indem sie bestimmte Katzen wegen ihres Körperbaus und ihrer Fellfarbe zur Zucht auswählten. Daraus entstanden im Laufe der Jahre die europäischen Kurzhaarrassen.

In Amerika stammen die Kurzhaarrassen ebenfalls von Katzen ab, die dort heimisch waren. Allerdings waren dies die Nachfahren von Katzen, die 200 Jahre zuvor von den frühen Siedlern mitgebracht worden waren. Diese entwickelten spezifische Merkmale, die sich heute in der Amerikanischen Kurzhaarkatze widerspiegeln.

Die Langhaarrassen stammten anfangs vorwiegend von der Angorakatze ab, die ihren Ursprung in der Türkei hat. Später wurden Langhaarrassen auch aus Persien und Afghanistan importiert. Die beiden letzteren Typen wurden rasch als Perser bekannt. Sie wurden so beliebt, dass die Angorakatze fast nicht mehr gezüchtet wurde. Im späten 19. Jahrhundert begann ein intensiver Import und Export von Katzen, und gegen Ende des Jahrhunderts hatten die Siamkatze, die Russisch Blau und die Abessinierkatze Europa bereits erreicht.

Im Jahr 1919 traf die erste Birmakatze in Frankreich ein, und der Vorfahre der modernen Burmakatze kam 1930 aus Rangoon in die Vereinigten Staaten.

In den 50er-Jahren erreichten die Ägyptische Mau und die Koratkatze die Vereinigten Staaten, und türkische Rassen wurden nach Europa gebracht. Die Japanese Bobtail wurde 1968 in die Vereinigten Staaten eingeführt. In den 70er-Jahren folgten die Angora- und Singapurakatzen. Etwas später trafen Maine Coons in Australien ein und Ocicats kamen nach Neuseeland.

Heute gibt es Dutzende von Rassen mit Hunderten von Fellzeichnungen.

Häufig schnurrt die Mutterkatze wohlig, wenn sie ihre Jungen säugt.

Katzenausstellungen

Die erste Katzenausstellung fand 1598 im englischen Winchester statt. Als die Beliebtheit von Katzen im 19. Jahrhundert stark zunahm, kam es auch häufiger zu Ausstellungen. Bei den frühen Veranstaltungen wurden die Katzen in verschiedenen Käfigen oder auf dem Arm ihres Besitzers präsentiert. Die Idee der Ausstellung, wie wir sie heute kennen, stammt von dem Engländer Harrison Weir, der die Katzen in langen Käfigreihen auf Tischen oder Bänken präsentierte. Seine erste Ausstellung, die „National Cat Show", fand 1871 im Kristallpalast in London statt. Mindestens 160 Katzen wurden dort präsentiert.

Heute gibt es regelmäßige Katzenausstellungen, die ein fester Bestandteil der Katzenzuchtszene sind. Aber immer mehr Ausstellungen haben auch einen Bereich, in dem Mischlingskatzen gezeigt werden. Daher präsentieren nun auch Katzenbesitzer, die keine Züchter sind, vermehrt ihre Tiere. Die Ausstellungen bieten eine gute Gelegenheit für professionelle Züchter, Hobbyzüchter oder interessierte Katzenbesitzer, sich darüber zu informieren, welche Züchtungen es gibt.

Katzenausstellungen sind eine gute Gelegenheit, um sich über die Merkmale der verschiedenen Rassen zu informieren.

Katzenvereine

Als das Interesse am Züchten und an Ausstellungen im späten 19. Jahrhundert zunahm, wurde klar, dass es eine gewisse Kontrolle sowie eine offizielle Anerkennung und ein Verzeichnis der verschiedenen Rassen geben musste. 1887 wurde in Großbritannien der „National Cat Club" gegründet. Er war die erste Organisation dieser Art und Harrison Weir war ihr Präsident. Der Cat Club führte ein Zuchtbuch ein und entwickelte ein System zur offiziellen Registrierung von Rassekatzen. Später verschmolz er mit einem anderen Verein zur europäischen Dachorganisation von Katzenvereinen, dem „Governing Council of the Cat Fancy".

In den USA gründete sich der erste Katzenverein im Jahr 1899: Die „American Cat Association". Sie existiert noch heute, allerdings kamen im Laufe der Jahre einige weitere Verbände und Vereine in den USA dazu. Die größte Organisation ist die „Cat Fanciers Association". Hier sind weltweit die meisten Katzen registriert.

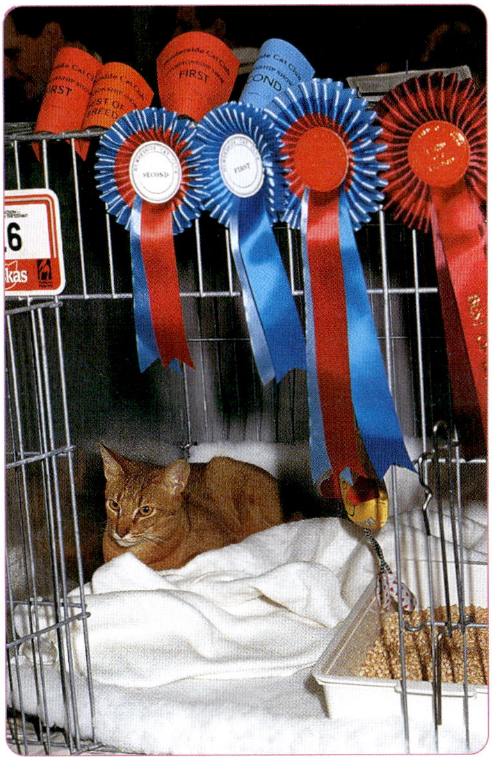

Diese rotbraune Abessinierkatze hat offensichtlich schon viel Erfahrung mit Ausstellungen.

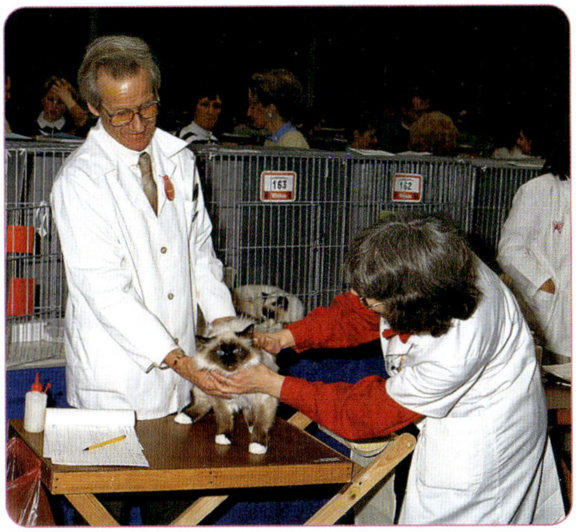

Der Richter begutachtet eine Britische Seal Point. Er vergibt Punkte für bestimmte Merkmale, die durch den Rassestandard festgelegt sind. Abweichungen wie etwa ein Knick im Schwanz würden die Katze sofort disqualifizieren.

Rassestandards

Mittlerweile gibt es in den meisten Ländern mindestens eine Organisation, die Rassestandards festlegt und die Registrierung durchführt. In jedem Land werden die Standards in speziellen Veröffentlichungen beschrieben und regelmäßig überarbeitet, damit Züchter und Richter sich an diesen Leitlinien orientieren können.

Nicht alle Organisationen erkennen die gleichen Rassen an oder klassifizieren diese auf die gleiche Weise. Daher können Rassestandards in verschiedenen Ländern stark voneinander abweichen. Im internationalen Vergleich sind in den USA die größten Unterschiede festzustellen.

Katzen und Menschen

In unserer modernen Gesellschaft ist das Zusammenleben mit Haustieren eins der vielen Elemente, die unsere sogenannte „Lebensqualität" ausmachen.

In den letzten 20 Jahren haben zahlreiche Studien die positiven psychologischen und gesundheitlichen Wirkungen von Haustieren auf den Menschen belegt. Diese Erkenntnisse sind die Basis für Programme, bei denen Tiere zu therapeutischen Zwecken eingesetzt werden. Dabei werden Menschen mit physischen oder psychischen Problemen unterstützt.

Die Tiertherapie umfasst zum einen informelle Programme, bei denen keine Fortschritte gemessen oder dokumentiert werden. Dazu gehören Besuche bei alten Menschen in Altersheimen oder Krankenhäusern sowie der Einsatz von Tieren bei besonderen Gruppen wie missbrauchten Kindern, Gefangenen oder Personen, die unterschiedliche Therapien machen. Zum anderen umfasst die Tiertherapie auch Programme, bei denen ein bestimmtes Ziel erreicht werden soll und die von Fachleuten dokumentiert werden. Dies können unter anderen Ärzte, Psychologen, Krankengymnasten, Lehrer, Krankenschwestern, Sozialarbeiter oder Logopäden sein. Das Tier wird entweder von den Fachleuten des jeweiligen Gebiets betreut oder von freiwilligen Helfern, die von den Experten angeleitet werden. Mit einem solchen Programm können vielfältige

Mit sieben Wochen werden Kätzchen wie diese nicht mehr von ihrer Mutter gesäugt, sondern fressen feste Nahrung. Sie fühlen sich in der Gesellschaft von Menschen wohl und sind bereit, in ein neues Zuhause umzuziehen.

Trotz ihres Rufs, distanziert zu sein, drücken Katzen ihre Zuneigung häufig aus, indem sie den Menschen ablecken oder sich an ihm reiben.

Ziele verfolgt werden: Die Verbesserung sozialer Fähigkeiten, der Motorik, des Sprachvermögens oder beispielsweise der Aufmerksamkeit. Bei jeder Sitzung werden die Fortschritte dokumentiert.

Ein Beschäftigungstherapeut könnte zum Beispiel mit der Unterstützung einer Katze und ihres Betreuers ein Übungsprogramm entwickeln, um die Beweglichkeit eines Arms eines Klienten zu fördern. Wenn dieser versucht, die Katze zu streicheln oder zu halten, verbessern sich die motorischen Fähigkeiten des Arms.

Gesellschaft

Den meisten Katzenbesitzern ist die Gesellschaft einer Katze am wichtigsten. Sie genießen es, wenn das Tier als Partner, Freund oder Gefährte in ihrem Haushalt lebt. Nicht selten sprechen Menschen mit ihren Katzen und diese antworten mit miauenden Lauten. In der Regel wenden die Menschen darüber hinaus Kommunikationsmittel an, die sie auch im zwischenmenschlichen Kontakt einsetzen. Wenn sie die Katze zum Beispiel trösten möchten, nutzen sie instinktive Gesten wie das Ausstrecken einer Hand, sie streicheln das Tier und sprechen leise und mit melodischer Stimme zu ihm.

Trost, Unterstützung und Entspannung

Eine Katze kann ein guter Trostspender für Menschen sein. Ein wichtiger Faktor ist dabei der körperliche Kontakt. Katzen reiben sich gerne an Menschen und bringen dadurch ihre Zuneigung zum Ausdruck. Und sie lassen sich gerne streicheln oder liegen auf dem Schoß ihrer Besitzer.

Die Menschen brauchen Trost, wenn sie traurig oder deprimiert sind, und eine Katze kann sie häufig aufmuntern. Dies ist besonders für jüngere Familienmitglieder wichtig, wenn sie mit Problemen fertig werden müssen. Wenn ein Teenager zum Beispiel eine schwierige Phase im Leben durchmacht, kann eine Katze große emotionale Unterstützung bieten.

Katzen helfen den Menschen auch zu entspannen. Untersuchungen haben eindeutig gezeigt, dass Herzfrequenz und Blutdruck einer angespannten Person sinken, wenn ein Haustier auftaucht. Für Menschen, die viel Stress in der Arbeit haben, ist eine Katze daher ein hervorragendes Anti-Stress-Mittel.

Darüber hinaus bietet eine Katze dem Menschen psychologischen Schutz. Sie kann einer Person die emotionale Sicherheit geben, um irrationale Ängste zu überwinden, wie zum Beispiel die Angst vor der Dunkelheit oder vor dem Alleinsein.

Katzen fördern neue Freundschaften

Es gibt zahlreiche Belege dafür, dass Menschen, die Tiere mögen, anderen Menschen gegenüber sehr aufgeschlossen und generell kontaktfreudig sind. Wenn Sie eine Katze haben, wird es Ihnen wahrscheinlich leicht fallen, neue Freundschaften zu schließen. Katzen können auch ein Katalysator für zwischenmenschliche Kontakte sein und eine wichtige Verbindung zwischen alten und jungen Menschen schaffen.

Siamkatzen sind extrovertiert und sehr anhänglich – man kann ihnen sogar beibringen, an einer Leine zu gehen.

Persönliche Erfüllung und Selbstwertgefühl

Für uns alle ist es wichtig, dass wir ein gutes Gefühl uns selbst gegenüber haben. Viele von uns erreichen dies durch gute Familienbeziehungen, die Arbeit, Sport oder andere Freizeitaktivitäten. Bei anderen Menschen entsteht dieses Gefühl, da sie eine Katze besitzen oder eine Katze züchten, die von anderen bewundert wird. Möglicherweise gewinnt sie einen Preis bei einer Katzenausstellung oder es handelt sich um eine seltene oder ungewöhnliche Rasse. Aber Ihre Katze muss nicht bei einer Katzenausstellung gewinnen. Jede Mischlingskatze hat ihren eigenen Charakter und ein unverwechselbares Aussehen, und alleine, wenn Sie Ihr Tier betrachten und wissen, dass es Ihnen gehört, werden Sie ein befriedigendes Gefühl empfinden.

Bei manchen Menschen fördert es das Selbstwertgefühl, wenn sie sich um ein anderes Lebewesen kümmern und die Verantwortung dafür tragen. Und wenn sie sich gewissenhaft und liebevoll um ihre Katze kümmern, werden sie häufig durch die Anerkennung anderer Menschen belohnt.

Sinnvolle Freizeitgestaltung

Katzen sind ein wichtiger Teil unserer Freizeiterfahrung. Sie spielen gern und fordern auch uns zu Spaß und Spiel auf. Sie helfen uns, dem Leben energievoller zu begegnen und gleichzeitig besser zur Entspannung zu finden. Darüber hinaus bieten sie uns einen angenehmen Ausgleich zum anstrengenden Job oder der Hausarbeit. Für viele Menschen ist die Beschäftigung mit einer Katze eine Freizeitaktivität an sich.

Positiver Einfluss auf Kinder

Die meisten Familien mit einer Katze haben auch Kinder. Man könnte sich fragen, warum eine wachsende Familie noch ein weiteres nicht-menschliches Familienmitglied mit aufnehmen möchte, und es gibt keine ganz klare Antwort darauf. Viele denken, dass eine Katze den Kindern ein Gefühl von Verantwortung vermittelt: Ein Kind, das lernt, für ein Tier zu sorgen und es zu respektieren, wird auch auf seine Mitmenschen achten und sich um sie kümmern.

Die Gegenwart einer Katze im Haushalt kann Kindern zudem helfen, Ängste zu überwinden, Aggressionen zu kontrollieren, ein stärkeres Selbstbewusstsein zu entwickeln und mit Problemen des Lebens generell besser fertig zu werden.

Therapeutische Wirkungen

Eine Katze hat zahlreiche weitere positive Wirkungen auf den Menschen. Wenn Sie eine Katze haben, werden Sie statistisch gesehen

- länger leben,
- einen niedrigeren Blutdruck haben,
- dem Risiko eines Herzinfarkts weniger ausgesetzt sein,
- weniger unter Stress leiden und sich leichter entspannen können,
- emotional stärker sein und weniger leicht depressiv werden,
- weniger aggressiv sein,
- motivierter, zielgerichteter und entschlossener sein,
- weniger egozentrisch sein und andere Menschen stärker unterstützen,
- anderen Menschen vorurteilsfreier begegnen.

Katzen können sich völlig entspannen und gleichzeitig aufmerksam bleiben. Darum beneidet sie jeder gestresste und überarbeitete Katzenbesitzer.

Bessere Hygiene im Haushalt

Untersuchungen haben gezeigt, dass bei Familien, die Haustiere haben, grundsätzlich eine größere Hygiene vorherrscht als bei Familien ohne Haustiere.

Vorteile für ältere Menschen

Katzen können eine besonders positive Wirkung auf ältere Menschen haben, denen es schwerfällt, sich um regelmäßige Mahlzeiten zu kümmern. Wenn sie ihre Katze füttern, regt das ihre eigene Lust an, etwas zu essen, und darüber hinaus haben sie dabei Gesellschaft. Aufgrund ihrer positiven Wirkung werden in vielen Altersheimen Katzen gehalten.

Ihre neue Katze

Wie Sie Ihren Gefährten auswählen

Vielleicht werden Sie sich, wie die meisten Menschen, Ihre Katze aussuchen. Allerdings sollten Sie mit der Möglichkeit rechnen, dass Ihre Katze Sie auswählt. Möglicherweise gehen Sie zufällig an einer Tierhandlung oder einer Tierklinik vorbei und plötzlich erblicken Sie ein kleines Kätzchen, das Sie mit flehenden Augen ansieht. Der Gedanke, sich eine Katze anzuschaffen, begleitet Sie schon seit einer Weile, ohne dass Sie sich bisher ernsthaft damit beschäftigt hätten. Und nun ist da dieses kleine Fellknäuel und bittet Sie, ihm ein Zuhause zu schenken. Da wird es schwer sein zu widerstehen.

Auch manche streunenden Katzen wissen, wie sie es anstellen müssen. Sie tauchen eines Tages vor der Haustür auf, prüfen, wie gut die Mahlzeiten an diesem Ort ausfallen, gewinnen die Herzen der Bewohner für sich und bevor man sichs versieht, sind sie eingezogen.

Aber auch, wenn es sich manchmal so zuträgt, suchen die meisten Menschen sich ihre Katze nach reiflicher Planung und Überlegung aus.

Völlig sorglos – Katzen müssen sich um viele Dinge im Leben nicht kümmern. Das überlassen sie ihren Besitzern.

Die folgenden Punkte sollten Sie bedenken

- Warum möchten Sie eine Katze haben? Wünschen Sie sich einen Gefährten, wollen Sie gerne züchten oder möchten Sie die Katze bei Ausstellungen präsentieren?
- Haben Sie bereits andere Haustiere? Wird eine Katze dazupassen?
- Ist Ihre Wohnsituation für die Katze, die Sie sich vorstellen, geeignet? Eine kleine Wohnung in einem Hochhaus kann für eine lethargische Langhaarkatze passend sein, aber für eine aktive Orientalin ist es nicht das Richtige. Wenn Ihr Haus in der Nähe einer stark befahrenen Straße liegt, kann das Leben Ihrer Katze sehr gefährdet sein und es kann großen Kummer für Sie nach sich ziehen.
- Wer wird sich um die Katze kümmern? Selbst wenn sie ein Familientier ist, sollte eine Person für sie verantwortlich sein und sich darum kümmern, dass sie ordentlich gefüttert, regelmäßig geimpft, entwurmt und gegen Flöhe und Zecken behandelt wird.
- Können Sie sich eine Katze leisten? Die Futterkosten für Katzen sind in der Regel zwar niedriger als für Hunde, aber die Ausgaben für den Tierarzt und Arzneimittel können auch bei Katzen erheblich sein.
- Ist ein Mitglied Ihrer Familie ein Asthmatiker? Viele Asthmatiker reagieren allergisch auf Katzenhaare, daher sollten Sie in diesem Fall davon absehen, sich eine Katze anzuschaffen.

Wo Sie Ihre Katze kaufen sollten

Tierheime und Tierhilfsorganisationen haben in der Regel eine Reihe von Katzen unterschiedlichen Alters. Viele dieser Organisationen haben einen eigenen Tierarzt, der den Gesundheitszustand der Tiere prüft, bevor Sie angeboten werden. Häufig werden die Katzen auch geimpft, bevor sie in ein neues Zuhause kommen.

Zu viele Katzen haben kein Zuhause. Wenn möglich, sollten Sie Ihre Katze aus einem Tierheim holen.

Eine weitere verlässliche Quelle sind Tierkliniken. Viele von ihnen haben Kunden, die nach einem guten Zuhause für ihre Katzen oder Kätzchen suchen. Diese Tiere werden in der Regel ebenfalls medizinisch untersucht und geimpft. Auch Tierhandlungen bieten meistens Kätzchen an. Wenn Sie Ihr Tier hier kaufen oder es von einem Privatverkäufer erwerben, sollten Sie vereinbaren, dass der Kauf erst nach einer bestandenen Gesundheitsprüfung verbindlich wird. Falls die Katze noch nicht geimpft wurde, sollten Sie umgehend dafür sorgen.

Manchmal sind Katzen auch ein Geschenk für jemanden. In diesem Fall sollte der Schenkende dafür sorgen, dass alle nötigen Schritte unternommen wurden, die die Gesundheit des Tiers gewährleisten, damit dem Beschenkten diese Pflicht nicht zusammen mit dem Geschenk aufgebürdet wird.

Reinrassige Katze oder Mischling?

Wenn Sie Ihre Katze gerne auf Ausstellungen präsentieren möchten oder sich für das Züchten interessieren, könnte eine reinrassige Katze für Sie die richtige Wahl sein. Wenn Ihnen das Züchten zu kompliziert ist, Sie aber trotzdem gerne an Ausstellungen teilnehmen wollen, sollten Sie bedenken, dass bei den meisten dieser Veranstaltungen auch Mischlinge vorgestellt werden.

Reinrassige Katzen

Je nachdem, wo Sie leben, haben Sie die Wahl zwischen 40 oder sogar noch mehr verschiedenen Rassen. Von der langhaarigen Chinchilla über die Britische Kurzhaarkatze bis zu den Orientalischen Katzen. Wenn Sie etwas Ausgefalleneres suchen, können Sie sich zum Beispiel für eine Norwegische Waldkatze, eine Türkische Van-Katze oder eine LaPerm entscheiden. Es gibt viele Bücher und Internetseiten, auf denen die verschiedenen Rassen und ihre Merkmale beschrieben sind. Bevor Sie sich für eine bestimmte Rasse entscheiden, sollten Sie sich in jedem Fall gut informieren.

Die Koratkatze ist eine sehr alte, aus Thailand stammende Rasse (dort ist sie als Si-Sawat bekannt).

Katzen verbringen viel Zeit damit, sich ausgiebig zu putzen. Sie erreichen fast jeden Fleck ihres Fells mit der Zunge. Diese Rasse ist eine Orientalische Rote Lynx.

Sprechen Sie auch mit einem Tierarzt, denn dieser kennt viele Katzen und weiß, bei welchen besondere gesundheitliche Probleme oder Verhaltensauffälligkeiten aufgetreten sind. Er kann Ihnen auch Züchter mit einem guten Ruf nennen.

Ein Vorteil bei einer reinrassigen Katze ist, dass Sie wissen, wer die Eltern sind, und sich über deren Charakter und Aussehen informieren können. Seriöse Züchter werden Sie gerne zu sich einladen, sodass Sie die Tiere ansehen und einen Eindruck von ihrem Temperament und ihrem Gesundheitszustand bekommen können.

Das Temperament kann bei verschiedenen Rassen sehr unterschiedlich sein. Einige Langhaarrassen (wie die Perserkatzen) sind gutmütig, relativ gemächlich und lieben nichts mehr, als bei jemandem auf dem Schoß zu sitzen und gestreichelt zu werden. Andere sind dagegen sehr energiegeladen und nicht so verschmust. Die Siamkatze ist zum Beispiel ziemlich fordernd und unabhängig. Das hat aber nichts mit einem schlechten Charakter oder aggressivem Verhalten zu tun, sondern gehört zum normalen Katzenverhalten.

Katzen mit offensichtlichen körperlichen Mängeln wie nach innen gebogenen Augenlidern (dies kommt vor allem bei Persern und anderen exotischen Rassen vor) sollten Sie sich ebenfalls nicht anschaffen. Seien Sie skeptisch, wenn ein Züchter Ihnen versichert, dass diese Merkmale bei der Rasse normal sind.

Beziehen Sie die ganze Familie beim Auswahlprozess mit ein.

Kätzchen oder erwachsene Katze?

Für manche Züchter sind tränende Augen und eine erschwerte Atmung akzeptable Rassemerkmale, aber trotzdem können sie potenziell gesundheitliche Probleme verursachen. Wenn Sie Zweifel haben, sollten Sie zunächst mit einem Tierarzt sprechen.

Mischlingskatzen

Der Stammbaum der meisten Katzen ist nicht bekannt. Wenn Sie sich für eine Mischlingskatze entscheiden, werden Sie daher wahrscheinlich nicht viele Informationen über ihre Herkunft bekommen können. Vielleicht werden Sie die Mutter kennenlernen und einen Eindruck von ihrem Charakter erhalten, aber das ist keine Garantie dafür, wie ihre Nachkommen sich entwickeln werden. Jede Katze ist ein individuelles Wesen. Allerdings kann man generell sagen, dass die meisten Mischlingskatzen ideale Hausgenossen sind. Ihre Vorfahren mussten anpassungsfähig und gesund sein, um zu überleben, und gaben ihren Jungen eine gute Genmischung mit.

Viele Mischlingskatzen werden im Alter von sechs bis acht Wochen angeboten. Zu diesem Zeitpunkt sollten sie bereits entwöhnt sein. Sie sind allerdings noch nicht stubenrein und wurden in der Regel noch nicht geimpft.

Seriöse Züchter geben kleine Kätzchen üblicherweise erst mit zwölf Wochen ab. In diesem Alter sind sie stubenrein und haben ihre ersten Impfungen erhalten.

Ein kleines Kätzchen spricht unsere Emotionen meistens stärker an als eine erwachsene Katze. Allerdings kann man weniger über sein Temperament sagen. Kätzchen, die in einem guten Zuhause geboren werden und von Anfang an einen intensiven, liebevollen Kontakt mit Menschen erleben, entwickeln sich aber meistens zu angenehmen Gefährten.

Wenn Sie eine reinrassige Katze möchten, sollten Sie Züchter mit einem guten Ruf aufsuchen.

Das Geschlecht der Katze

Wenn Sie eine Rassekatze kaufen und gerne züchten möchten, werden Sie sich wahrscheinlich für eine weibliche Katze entscheiden. Ein Zuchtkater muss in einem separaten Bereich gehalten werden und ist aufgrund der zahlreichen Duftmarkierungen, die er hinterlässt, häufig nicht als Familienkatze geeignet. Wenn Sie nicht züchten, spielt das Geschlecht keine große Rolle, da Sie die Katze als verantwortungsvoller Besitzer kastrieren lassen sollten.

Beim Spielen messen die Kätzchen gegenseitig ihre Kräfte und fördern ihre geistige und körperliche Entwicklung.

Erwachsene Katzen haben es schwerer, ein neues Zuhause zu finden. Aber gerade für ältere Menschen, denen ein kleines Kätzchen zu energievoll wäre, können sie genau das Richtige sein.

Sich für eine bestimmte Katze entscheiden

Um einen Eindruck von der Gesundheit und dem Temperament der infrage kommenden Tiere zu erhalten, sollten Sie etwas Zeit mit ihnen verbringen. Beobachten Sie, wie sie auf Ihre Anwesenheit oder auf Berührungen reagieren. Ein Kätzchen, das sehr scheu ist oder sich gegenüber seinen Geschwistern übermäßig aggressiv verhält, könnte diese Züge auch als erwachsene Katze beibehalten. Wenn Sie aus einem Wurf ein Kätzchen auswählen, sollten Sie auch das Verhalten der Mutter beobachten.

In der folgenden Liste sind die wichtigsten Punkte zusammengestellt, auf die Sie achten sollten.

- Die Katze kommt neugierig auf Sie zu. Sie weicht nicht vor Ihnen zurück und zeigt kein aggressives Verhalten.
- Sie ist aufmerksam, sanft und verspielt und nicht etwa desinteressiert und lethargisch.
- Sie hält ihren Kopf normal und schüttelt ihn nicht.
- Sie humpelt, niest und hustet nicht.
- Die Haut ist sauber und weist keinen Flohkot auf. Das Fell ist gepflegt und glänzt.
- Die Augen tränen nicht, die Nase läuft nicht und die Ohren sind sauber. Die Pupille wird nicht durch das dritte Augenlid bedeckt.
- Die Zähne sind sauber. Das Zahnfleisch hat eine gesunde lachsrote Farbe. Es ist kein Zahnfleischbluten zu erkennen.
- Der Bauch fühlt sich fest und nicht aufgebläht an.
- Der After ist sauber und es sind keine Anzeichen von Durchfall oder Bandwurmbefall erkennbar. (Bandwürmer kommen aus dem After heraus und sehen aus wie kleine Reiskörner.)
- Sie werden vom Besitzer über die genaue Ernährung der Katzen informiert.

Wenn Sie sich nicht kompetent genug fühlen, die oben genannten Faktoren zu beurteilen, sollten Sie jemanden mitnehmen, der dazu in der Lage ist. Wenn Sie sich dann für eine bestimmte Katze entschieden haben, sollten Sie noch einmal prüfen, ob ihr Geschlecht richtig bestimmt wurde. Bei einer reinrassigen Katze erhalten Sie überdies die entsprechenden Zuchtpapiere.

Eine oder zwei?

Die meisten Menschen möchten sich nur eine Katze anschaffen, aber man sollte zumindest die Möglichkeit in Erwägung ziehen, zwei zu nehmen. Katzen genießen es zwar gelegentlich, alleine zu sein, aber sie sind auch gerne mit einem Gefährten zusammen. Zwei Katzen können sich gut Gesellschaft leisten, während ihre Besitzer in der Arbeit sind.

Zwei Katzen in einem Haushalt können sich gegenseitig Gesellschaft leisten, wenn ihre Besitzer nicht zu Hause sind.

Eine neue Katze an die anderen Haustiere gewöhnen

Kleine Haustiere müssen vor Katzen geschützt werden. Achten Sie darauf, dass sie sich in einem sicheren Käfig befinden.

Bevor Sie eine zweite (oder sogar dritte) Katze in Ihren Haushalt einführen, sollten Sie sich mit dem Territorialverhalten von Katzen sowie den grundlegenden Prinzipien der Katzenerziehung auskennen (s. S. 72–85). Einige Katzen werden einen Neuankömmling akzeptieren, besonders wenn es sich um ein Kätzchen handelt (dieses wird möglicherweise als weniger bedrohlich empfunden), aber andere werden das nicht tun.

Sie können den Eingliederungsprozess fördern, indem Sie den Neuling langsam in den Haushalt einführen. Halten Sie ihn zunächst in einem separaten Raum, damit er sich an die neue Situation gewöhnen kann (besonders wenn es sich um ein Kätzchen handelt) und etwas selbstbewusster wird.

Katzen mögen in der Regel zwar kein Wasser, aber Sie lieben es, Teich- und Aquariumsbewohnern aufzulauern.

Hunde, vor allem Weibchen, akzeptieren kleine Kätzchen manchmal auf Anhieb.

Auch die anderen Katzen können sich auf diese Weise daran gewöhnen, dass es einen neuen Mitbewohner gibt. Der Neuling wird anfangs verunsichert und ängstlich sein. Er kommt in eine neue, fremde Umgebung, die bereits von anderen Katzen besetzt ist (und möglicherweise verteidigt wird). Füttern Sie die Katzen getrennt voneinander, um Streit ums Fressen zu vermeiden. Schenken Sie den Katzen, die bereits länger in Ihrem Haushalt wohnen, besonders viel Aufmerksamkeit, damit sie sich nicht vernachlässigt fühlen.

Wenn Sie bereits einen Hund besitzen, sollten Sie ähnlich vorgehen. Gewöhnen Sie die Tiere langsam und auf eine nicht bedrohliche Weise aneinander. Auch ein Hund kann die neue Katze sofort akzeptieren. Manchmal nimmt eine Hündin ein Kätzchen an, baut eine enge Beziehung zu ihm auf und beschützt es sogar so, als wäre es ihr eigener Abkömmling. Schenken Sie auch Ihrem Hund besonders viel Aufmerksamkeit. Außerdem sollten Sie ihn ausgiebig loben und belohnen, wenn er sich der Katze gegenüber brav verhält.

Das Zusammenleben von Katzen und Vögeln in einem Haushalt kann schwierig werden. Wenn Sie ein Kätzchen von einem Züchter gekauft haben, hat es vielleicht noch nie einen Vogel gesehen. Sein natürlicher Jagdinstinkt oder sein Spieltrieb veranlassen es vielleicht dazu, auf den Vogel zu reagieren, aber es kann in diesem Fall relativ einfach sein, die Katze dazu zu erziehen, den Vogel zu ignorieren. Wenn das Kätzchen dagegen bereits von seiner Mutter gelernt hat, dass Vögel eine Beute sein können, oder die neue Katze schon erwachsen ist, wird es schwieriger sein, ihr die Jagd auf den Vogel abzugewöhnen. Bei Goldfischen gilt grundsätzlich das Gleiche. Am besten können Sie die Fische schützen, wenn sie in einem geschlossenen Aquarium oder einem für die Katze unzugänglichen Teich gehalten werden.

Katzen und Kinder miteinander vertraut machen

Wenn Sie ein Baby haben, sollten Sie es zunächst vor der Katze schützen. Stellen Sie sicher, dass diese nicht in die Wiege oder ins Bettchen des Babys klettern kann, da stets die Gefahr besteht, dass sie auf dem Gesicht des Babys landet und es kratzt oder sich so beim Gesicht einrollt, dass das Kind nicht mehr atmen kann.

Kleinkinder können der Katze stark zusetzen, da sie diese häufig unbewusst auf eine für die Katze sehr unangenehme oder sogar schmerzhafte Art und Weise halten oder sie zu fest drücken. Sie sollten Ihrem Kind den richtigen Umgang mit dem Tier geduldig beibringen, dann werden beide viel Spaß miteinander haben. Das Gleiche gilt bei älteren Kindern, falls sie vorher noch kein Haustier hatten. Sie müssen lernen, dass das Tier nicht zu stark bedrängt werden darf und zwischendurch seine Ruhe braucht. Kinder haben im Prinzip ähnliche Bedürfnisse und werden dies daher schnell verstehen.

Bei der Auswahl eines Kätzchens sollten Sie sich nicht für das kleinste entscheiden. Auch wenn es süß aussieht, könnte es schwächlich und anfällig für Krankheiten sein.

Die Pflege Ihrer Katze

Eine neue Katze, ein neues Zuhause

Das Wohlergehen Ihrer Katze, ihre Gesundheit und ihre Freude am Leben hängen zum großen Teil davon ab, wie Sie und Ihre Familie für sie sorgen und mit ihr umgehen. Bei einer guten, liebevollen Pflege wird sie Ihnen große Zuneigung entgegenbringen und viel Freude bereiten. Viele Katzen warten abends sehnsüchtig auf die Heimkehr ihrer Besitzer. Manche begleiten diese sogar bei Spaziergängen. Andere bringen ihre Zuneigung zum Ausdruck, indem sie Beute nach Hause bringen und sie stolz präsentieren. Manche mag es überraschen, aber Katzen können gegenüber ihren Besitzern durchaus loyal sein.

Das Katzenbett

Im Handel ist eine Vielzahl von Katzenbetten aus Plastik, Holz und Rattan zusammen mit Kissen oder Stoffen aus waschbarer Wolle oder Synthetik erhältlich.

Wenn Sie eine billige, aber praktische Lösung brauchen, können Sie auch einen alten Pappkarton verwenden. Auf der einen Seite schneiden Sie einen Eingang hinein. Dann legen Sie den Karton mit Zeitungen aus und platzieren eine waschbare Decke darauf. Der Nachteil eines solchen Systems ist, dass es nicht gründlich gereinigt werden kann. Daher muss die Zeitung oder auch der gesamte Karton nach einer Weile ausgetauscht werden. Stellen Sie das Bett in eine zugfreie Ecke, in der die Katze ungestört ist.

Auch wenn Ihre Katze gerne auf Ihrem Bett schläft, sollte sie ein eigenes Bett bekommen, damit sie ein Gefühl der Sicherheit erhält.

Wenn Sie Ihre Katze auf dem Arm halten, sollten Sie ihr Hinterteil stets mit einer Hand abstützen.

Katzentoilette und Katzenstreu

Es ist wichtig, dass sich die Katzentoilette gut reinigen lässt. Manche sind mit Wegwerf-Einlagen ausgelegt. Grundsätzlich kann man aber auch Zeitungen verwenden, allerdings muss man diese häufig wechseln, da sich sonst schnell ein unangenehmer Geruch entwickelt. Am besten ist es in der Regel, im Handel erhältliche Katzenstreu zu verwenden, die Gerüche absorbiert.

Stellen Sie die Katzentoilette an einen ruhigen Platz, möglichst weit vom Katzenbett und dem Futternapf entfernt, da Katzen es vermeiden, ihr Geschäft in der Nähe ihres Fressplatzes zu verrichten.

Futternäpfe

Als Futter- und Wassernapf eignen sich alle möglichen Gefäße. Wichtig ist, dass sie regelmäßig gereinigt werden.

Pflegeausrüstung

Zur Grundausstattung gehören eine beidseitige Körperbürste sowie ein grober und ein feiner (Floh-)Kamm. Wenn Sie eine langhaarige Katze haben, benötigen Sie möglicherweise zusätzlich eine Schere mit stumpfen Enden, um gegebenenfalls verfilzte Fellbereiche wegzuschneiden. Ein weiches Ledertuch kann außerdem dazu dienen, das Fell von kurzhaarigen Katzen zu putzen, damit es schön glänzt.

Eine Pflegeausrüstung für jeden Katzentyp – Gummibürsten, Drahtbürsten sowie feine und grobe Kämme.

Halsband

Wenn Ihre Katze ein Halsband mit einer Identifizierungsmarke oder einem Glöckchen tragen soll (dieses warnt Vögel im Garten vor der Katze), sollten Sie es ihr erst anlegen, wenn sie sich gut in ihrer neuen Umgebung eingewöhnt hat. Das Halsband muss einen elastischen Abschnitt enthalten, der sich dehnt, falls die Katze irgendwo hängen bleibt, denn sonst bestünde die Gefahr, dass sie erstickt.

Spielzeug

In jedem Tierfachgeschäft und zahlreichen Supermärkten wird unterschiedlichstes Katzenspielzeug angeboten.

Katzen mögen in der Regel weiche Gegenstände, die sie mit ihren Krallen greifen können. Aber auch harte Bälle können ihnen viel Spaß machen. Manche Katzen lieben es, ihnen hinterherzujagen, und versuchen ehrgeizig, den Ball zu fassen zu bekommen.

Gegenstände, die aufgrund eines Geräuschs, das sie erzeugen, die Neugier der Katze wecken, sind ebenfalls nützlich.

Bei der Auswahl sollten Sie darauf achten, dass das Spielzeug keine Metall- oder Plastikteile enthält, die sich leicht lösen und von der Katze verschluckt werden könnten. Ein einfaches Spielzeug zum Nullkostenpreis ist eine Kugel aus zusammengeknülltem Zeitungspapier.

Bunte Gegenstände regen den Spieltrieb der Katze an.

Der Kratzbaum

Hauskatzen, Löwen, Tiger, Leoparden und viele andere Katzenarten hinterlassen mit ihren Krallen Kratzmarkierungen an verschiedenen Objekten.

Die Kratzmarkierungen haben zwei unterschiedliche Funktionen. Zum einen dienen sie der Markierung des Reviers. Man könnte sie als eine Art „Katzengraffiti" bezeichnen. Sie sind ein visuelles Signal, dass eine Katze ein bestimmtes Gebiet regelmäßig besucht oder es als ihr Revier erachtet. Beim Kratzen bleiben Duftspuren am jeweiligen Objekt haften, die aus den Drüsen an den Ballen der Pfoten stammen. Sie verstärken das Signal und geben Auskunft darüber, wer es hinterlassen hat.

Die zweite Funktion der Kratzspuren ist kosmetischer Natur, da beim Kratzen tote Protein-Keratinschichten von der Oberfläche der Krallen entfernt werden, sodass diese scharf und funktionsfähig bleiben. Die Katze hat daher von Natur aus ein starkes Bedürfnis, sich die Krallen zu schärfen, und man sollte ihr ein geeignetes Objekt wie zum Beispiel einen Kratzbaum dafür zur Verfügung stellen.

Man kann fertige Kratzbäume im Fachhandel kaufen, aber es ist auch nicht allzu kompliziert, aus weichem Holz (zum Beispiel Kiefer) selbst einen herzustellen. Die Holzelemente verkleidet man mit Teppich- oder Stoffresten oder mit Baumrinde.

Doch selbst wenn ein Kratzbaum vorhanden ist, kann die Couchgarnitur auf die Katze attraktiver wirken. Sie werden Geduld brauchen und die Katze dazu erziehen müssen, die Krallen von Ihren Möbeln zu lassen (s. S. 83–84). Stellen Sie den Kratzbaum am Anfang in der Nähe der Möbel auf. Nach einer Weile können Sie ihn dann Stück für Stück weiter entfernen.

Erziehen Sie Ihre Katze möglichst früh dazu, einen Kratzbaum zu benutzen – wenn sie bereits länger die Möbel zum Schärfen ihrer Krallen verwendet, wird es viel schwieriger sein.

Eine Katzenklappe

Wenn Ihre Katze freien Zugang zum Hof oder Garten haben soll, empfiehlt es sich, eine Katzenklappe zu installieren. Ein Nachteil ist allerdings, dass Katzen aus der Umgebung sie ebenfalls entdecken und unvermittelt in Ihrer Wohnung auftauchen könnten. Dieses Problem lässt sich durch ein aufwendigeres System beheben, bei dem Ihre Katze mit einem elektronischen „Schlüssel" am Halsband ausgestattet wird, sodass sich die Klappe nur für sie öffnet.

Die Katzenklappe sollte im Innenbereich zirka sechs Zentimeter über dem Boden sein, damit die Katze bequem hindurchsteigen kann.

Eine Transportbox

Sie ist sehr praktisch, wenn man mit der Katze zum Tierarzt muss oder sie an einen anderen Ort transportieren möchte.

Eine Transportbox muss stabil, ausreichend belüftet und gut zu tragen sein.

Die Ankunft Ihrer Katze im neuen Zuhause

Wenn Sie ein Kätzchen erworben haben, ist es wahrscheinlich zum ersten Mal von seinen Geschwistern getrennt und braucht Gesellschaft. Daher sollten Sie viel Zeit mit ihm verbringen und ihm viel Zuwendung schenken, aber nur, wenn es das möchte. Zwischendurch wird es auch immer wieder Ruhephasen benötigen. Wenn Sie zwei Katzen mit nach Hause gebracht haben, leisten sich diese gegenseitig Gesellschaft. Gehen Sie stets sanft mit Ihrem neuen Kätzchen um und vermeiden Sie plötzliche laute Geräusche. Nach ein paar Tagen wird es sich an sein neues Zuhause gewöhnt haben.

Das Revier ist sehr wichtig für Katzen, und Fenster sind ein strategisch guter Punkt, um das eigene Reich zu überwachen.

Futter und Wasser

An den ersten Tagen sollten Sie Ihrer Katze das gleiche Futter geben, das sie auch bei ihrem Vorbesitzer bekommen hat. Danach können Sie es über einen Zeitraum von vier Tagen langsam umstellen. Ersetzen Sie jeweils ein Viertel des alten Futters durch die gleiche Menge des neuen. Sorgen Sie dafür, dass stets frisches Wasser zur Verfügung steht. Das ist besonders wichtig, wenn eine Mahlzeit zu einem großen Teil aus Trockenfutter besteht.

Sicherheitsvorkehrungen in Haus und Garten

Wenn Sie Ihr Haus auf die Ankunft eines Kätzchens vorbereiten, sollten Sie bestimmte Bereiche absichern, so wie Sie es bei einem kleinen Kind auch tun würden.

- Sperren Sie alle Chemikalien oder giftige Substanzen weg. Kätzchen sind zwar weniger neugierig als Hundewelpen und werden in den meisten Fällen auch nichts Giftiges fressen, aber man sollte nichts riskieren.
- Achten Sie darauf, dass die Katze keine blanken elektrischen Kabel erreichen kann. Sie könnte darauf herumkauen oder mit ihnen spielen wollen.
- Beachten Sie, dass die Katze sich an Funken eines Feuers oder einer Zigarette verbrennen kann.
- Beim Benutzen von Rasenmähern, Fahrrädern, Skateboards, Inlineskates oder ähnlichen Gegenständen ist besondere Vorsicht geboten.
- Überprüfen Sie, wo die Katze sich befindet, bevor Sie mit dem Auto losfahren.
- Vergewissern Sie sich, dass das Kätzchen nicht durch den Zaun schlüpfen kann, der einen (eventuell vorhandenen) Swimmingpool umgibt.

Übertragbare Infektionen

Einige Katzeninfektionen, wie zum Beispiel die Spulwurminfektion (Toxocara cati) oder die Toxoplasmose, können auf den Menschen übertragen werden (s. S. 112–115). Wenn Sie von einer Katze gekratzt werden, können Sie zudem das sogenannte Kratzfieber bekommen. Sie sollten alle Familienmitglieder über die Risiken aufklären und auf die Einhaltung grundlegender Hygieneregeln wie regelmäßiges Händewaschen und die sofortige Reinigung von Wunden achten. Wenn Ihre Katze Ihnen eine tiefere Wunde zufügt, sollten Sie einen Arzt aufsuchen.

Hausregeln

Als neues Mitglied muss Ihre Katze erst noch ihren Platz innerhalb der Familie finden. Da Katzen unabhängiger sind als Hunde, ordnen Sie sich nicht so leicht in eine bestehende Gruppe ein. Aber sie werden lernen, bestimmte Regeln zu beachten, und die Dominanz der menschlichen Mitglieder der Familie akzeptieren. Bringen Sie Ihrer Katze geduldig einige Grundregeln bei – zum Beispiel, dass sie nicht auf Küchenanrichten oder den Esstisch springen darf.

Eine Katze markiert ihr Revier durch Kratzspuren oder indem sie ihren Kopf gegen einen Gegenstand reibt und aus den Talgdrüsen Duftstoffe absondert.

Erziehung zur Stubenreinheit

Katzen sind von Natur aus sehr reinliche Tiere. Wenn Sie daher eine Katzentoilette am richtigen Ort, also nicht in der Nähe des Futternapfs, aufstellen, wird eine erwachsene Katze schnell lernen, sie zu benutzen. Ein kleines Kätzchen muss man allerdings dazu anleiten. Setzen Sie es rasch auf die Katzentoilette, wenn Sie merken, dass es im Begriff ist, ein Geschäft zu verrichten. Am häufigsten geschieht dies kurz nach dem Aufwachen und nach den Mahlzeiten. Wenn Sie das Kätzchen zu diesen Zeiten auf die Katzentoilette setzen, wird es rasch lernen, dort sein Geschäft zu verrichten.

Katzen markieren ihr Revier, indem sie Kratzmarkierungen an Möbeln oder Tapeten hinterlassen. Dies führt häufig zu Konflikten zwischen der Katze und ihrem Besitzer.

Das Revier

Wenn Sie Ihre neue Katze mit nach Hause nehmen, sollte sie zunächst im Haus (gegebenenfalls nur in einem Raum) bleiben, bis sie sich sicher fühlt. Sofern Ihre Wohnverhältnisse es erlauben, können Sie Ihr neues Familienmitglied nach ein paar Tagen nach draußen lassen. Möglicherweise erachten andere Katzen Ihren Garten bereits als ihr Revier und haben etwas dagegen, wenn ein Neuankömmling auftaucht. Am besten ist es, wenn die Katzen ihre Probleme selbst untereinander klären. Es kann sein, dass es eine Weile viel lautes Gezeter gibt, aber hoffentlich wird es nicht zu heftigen Kämpfen kommen.

Impfungen

In der Regel wird eine Katze im Alter von neun bis zwölf Wochen gegen Virusinfektionen wie Katzengrippe und Katzenschnupfen geimpft.

Wenn Sie ein reinrassiges Kätzchen gekauft haben, wurden die ersten Impfungen möglicherweise schon durchgeführt. Eine erwachsene Katze aus dem Tierheim sollte in jedem Fall bereits geimpft worden sein. Erkundigen Sie sich genau bei Ihrem Tierarzt über die Impfungen, die in Ihrem Gebiet nötig sind.

Kastration

Kastrierte Katzen, egal welchen Geschlechts, sind die besten Haustiere. Es gibt bereits Tausende von ungewollten Kätzchen, die ein gutes Zuhause suchen, daher sollten Sie diese Zahl nicht vergrößern – es sei denn, Sie züchten reinrassige Katzen.

Die meisten Tierärzte empfehlen, weibliche Katzen in einem Alter von 24 bis 30 Wochen zu sterilisieren – bevor sie das erste Mal rollig werden. Im Durchschnitt geschieht dies, wenn sie zirka sechs Monate alt sind. Aber bei manchen „frühreifen" Rassen, wie den Siamkatzen,

Obwohl Katzen eigentlich Einzelgänger sind, genießen sie die Gesellschaft von Artgenossen, vor allem wenn sie miteinander aufgewachsen sind.

kann es schon mit viereinhalb Monaten so weit sein. Und manche Katzen haben ihren ersten Zyklus erst, wenn sie neun Monate oder älter sind. Sie sollten daher Ihren Tierarzt fragen, zu welchem Zeitpunkt Sie Ihre Katze am besten sterilisieren lassen sollten.

Kater kann man ab einem Alter von 16 Wochen kastrieren. Viele Tierärzte warten damit allerdings, bis die Tiere zirka sechs Monate alt sind. So kann sich die Harnröhre besser entwickeln, die von der Blase durch den Penis führt. Auf diese Weise verringert sich die Wahrscheinlichkeit, dass es zu einer Harnröhrenverstopfung kommt. Spätestens mit neun Monaten sollten Kater kastriert werden – bevor sie ihre männlichen Eigenschaften voll entwickeln, herumstreunen und zu kämpfen beginnen.

Die Wurmkur

Katzen können von verschiedenen Würmern befallen werden. Wenn Sie Ihre Katze bekommen, wurde sie möglicherweise bereits entwurmt. Falls das nicht geschehen ist, könnte eine Behandlung nötig sein. In jedem Fall sollten Sie sich beim Tierarzt darüber informieren, welche Würmer es in Ihrer Gegend gibt, wie oft Sie eine Wurmkur durchführen müssen und welche Mittel dafür geeignet sind (s. a. S. 112–115).

Es ist kein Ammenmärchen – Katzen haben einen ausgezeichneten Gleichgewichtssinn und landen in der Regel auf ihren Füßen.

Flohkontrolle

Flöhe sind ein häufiges Problem. Ihre Katze sollte dagegen behandelt worden und flohfrei sein, bevor sie zu Ihnen kommt. Sie werden eine Flohbehandlung allerdings immer wieder in regelmäßigen Abständen durchführen müssen. Moderne Flohmittel sind aber zum Glück unkompliziert in der Anwendung (s. a. S. 111).

Körperliches Training

Katzen bewegen sich in der Regel von alleine genug, sodass Sie lediglich zum Training beitragen werden, wenn Sie mit Ihrer Katze spielen. Wenn sie zu träge werden sollte, empfiehlt es sich, sie des Öfteren zum Spielen zu ermuntern.

Erziehung

Wichtig ist die Erziehung zur Stubenreinheit sowie zur Einhaltung bestimmter Hausregeln. Darüber hinaus ist es sehr nützlich, wenn Ihre Katze daran gewöhnt ist, in einer Katzenbox transportiert zu werden und von Ihnen getrennt zu sein.

Zunächst sollten Sie die Katze nur einige Minuten lang in der Box in einem Ihrer Zimmer alleine lassen. Dann darf sie wieder hinaus und wird mit einem Leckerli oder mit Streicheln belohnt. Dehnen Sie die Phasen in der Katzenbox langsam aus, bis Ihre Katze problemlos bis zu einer Stunde darin bleibt.

Dann tragen Sie Ihre Katze in der Box nach draußen und stellen diese in ein Auto, das an einem ruhigen Platz geparkt ist. Achten Sie darauf, dass genug frische Luft hineingelangen kann. Lassen Sie die Katze eine kurze Weile alleine. Dann bringen Sie die Box wieder ins Haus, lassen die Katze heraus und belohnen sie. Dehnen Sie die Phasen im Auto allmählich aus. Bitten Sie nach Möglichkeit einen Nachbarn oder Freund, sich eine Weile zur Katze ins Auto zu setzen. So gewöhnt das Tier sich daran, dass es von Ihnen getrennt ist, und lernt, dass Sie zurückkommen.

Mit Geduld und Übung können Sie Ihre Siam- oder Burmakatze oder eine Russisch Blau davon überzeugen, mit einem Geschirr an der Leine zu gehen.

Durch das Putzen bleibt das Fell sauber und glänzend, außerdem regt es den Kreislauf an.

Zahnen

In einem Alter zwischen 14 Wochen und 6 Monaten fallen die Milchzähne einer Katze heraus und werden durch bleibende Zähne ersetzt. In der Regel beginnt der Prozess mit den Schneidezähnen, dann folgen die vorderen und hinteren Backenzähne und schließlich die Eckzähne.

Das Zahnen läuft in der Regel unbemerkt ab. Sollte Ihre Katze aber offensichtlich Schwierigkeiten beim Fressen haben, sollten Sie Ihr möglichst weiches Futter geben. Wenn es trotzdem nicht besser wird, sollten Sie mit Ihrem Tierarzt sprechen.

Zahnhygiene

Ein hoher Anteil an Trockenfutter hält die Zähne sauber und das Zahnfleisch gesund. Vor allem wenn Katzen älter werden, kann sich Zahnstein bilden. Grundsätzlich sollten die Zähne regelmäßig untersucht werden.

Beim Tierarzt werden die Zähne der Katze untersucht.

Fellpflege

Katzen putzen sich, um ihr Fell sauber zu halten, aber auch um die Körpertemperatur zu regulieren. Wegen ihres dicken Fells sind die Schweißdrüsen von Katzen nicht so effektiv wie beim Menschen. Bei heißen Temperaturen oder anstrengenden Aktivitäten kann die Katze nicht genug Hitze über das Schwitzen abgeben, daher trägt sie Speichel auf ihr Fell auf. Dieser verdunstet, sodass ein Kühleffekt entsteht. Das Lecken des Fells regt zudem die Talgdrüsen in der Haut an. Diese sondern eine ölige Flüssigkeit ab, die das Fell wasserabweisend macht und etwas Vitamin D enthält, das von der Katze über die Zunge aufgenommen wird.

Die meisten Katzen müssen nur selten von ihren Besitzern gesäubert werden. Allerdings gibt es auch ein paar, die faul sind und sich selbst nicht ausreichend putzen. Wenn Sie etwas Butter auf das Fell auftragen, können Sie solche Katzen zur Fellpflege anregen. Manche Katzen können sich aufgrund eines zu langen Fells oder ihres hohen Alters allerdings nicht ausreichend selbst pflegen. Solche Katzen sollten regelmäßig vom Menschen gebürstet und gesäubert werden.

Legen Sie Ihre Katze zum Bürsten auf eine rutschfeste Unterlage, zum Beispiel auf ein Stück Teppich.

Bürsten und Kämmen

Gewöhnen Sie Ihre Katze daran, gepflegt zu werden. Setzen Sie sie regelmäßig jeden Tag auf eine rutschfeste Unterlage auf einen Tisch (zum Beispiel auf ein Stück alten Teppich oder etwas Ähnliches) und rollen Sie sie sanft auf den Rücken, um Maul, Zähne, Augen, Ohren, Bauch und Pfoten zu untersuchen.

Selbst wenn es nicht nötig ist, die Katze zu bürsten, sollten Sie es tun, damit es für sie ein selbstverständlicher Ablauf wird. Außerdem entdecken Sie auf diese Weise schneller Flöhe oder deren Kot sowie Haut- oder Fellprobleme. Gestalten Sie den Ablauf so, dass die Katze ihn als angenehm empfindet. Loben und belohnen Sie sie, wenn sie brav ist. Ihre Putzausrüstung sollte die folgenden grundlegenden Utensilien enthalten: Katzenbürste, Kamm, Putzhandschuh, Schwamm, Watte, Handtuch, Schere mit stumpfen Enden.

Beim Bürsten von langhaarigen Katzen sollten Sie dem Fell an den Beinen und am Schwanz besondere Aufmerksamkeit schenken. In Bereichen, die von der Katze nur schwer erreichbar sind, kann das Fell verfilzt sein – beispielsweise an der Innenseite der Ellbogen und am Bauch, in der Nähe der Schenkel. Untersuchen Sie auch den Zustand der Pfoten, Krallen und Ballen. Bei langhaarigen Katzen kann das Fell zwischen den Ballen hervorwachsen. Scheiden Sie es vorsichtig mit einer stumpfen Schere ab. Säubern Sie auch den Bereich unter dem Schwanz und schneiden Sie zu lange Haare hier ebenfalls ab.

Entfernen Sie mit etwas Watte zudem den „Schlaf" aus den Augen der Katze.

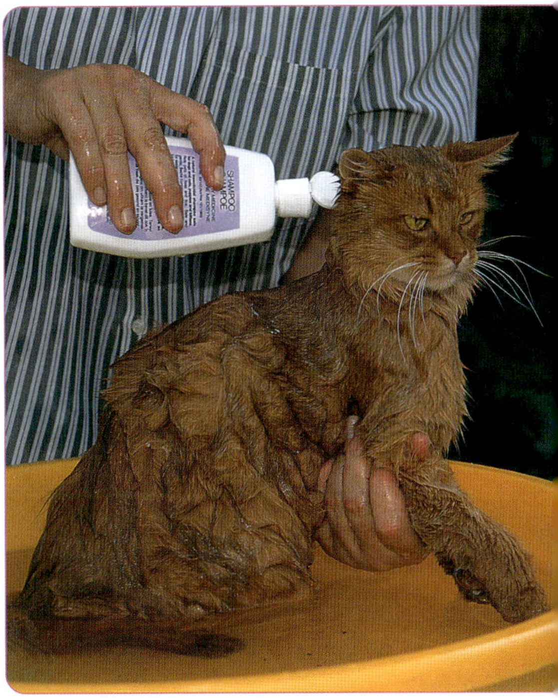

Manche Katzen lassen es sich gefallen, gebadet zu werden, besonders wenn sie von klein auf daran gewöhnt sind.

Baden

Wenn Sie Ihre Katze regelmäßig bürsten, wird es nur selten nötig sein, sie zu baden – es sei denn, sie ist besonders schmutzig.

Vor jedem Bad sollte die Katze gründlich gebürstet werden. Verwenden Sie für das Bad lauwarmes Wasser und ein spezielles Katzenshampoo. Achten Sie darauf, dass dieses nicht in eine Körperöffnung gelangt, und spülen Sie es nach dem Shampoonieren gründlich wieder aus.

Da Katzen leicht frieren, sollten sie nach dem Baden gut abgetrocknet werden. Sie können Ihre Katze auch trocken föhnen. Fahren Sie dabei stets mit Ihren Fingern durch das Fell, um sicherzugehen, dass die Luft nicht zu heiß wird.

Krallen

Die Krallen einer Katze wachsen ständig – so wie die Fingernägel beim Menschen. Beim Hinterlassen von Kratzmarkierungen nutzen sie sich meistens genügend ab und bleiben scharf, aber in manchen Fällen müssen sie mit Krallenscheren geschnitten werden. Manche Katzenbesitzer machen dies selbst, viele sind dagegen froh, wenn der Tierarzt oder ein Katzensalon es für sie erledigt.

Katzensalons

Viele reinrassige Katzen, vor allem solche mit einem langen Fell, benötigen eine intensive Fellpflege. Wenn Sie wissen, was zu tun ist, und Sie genügend Zeit haben, können Sie Ihre Katze selbst bürsten und kämmen. Sonst können Sie diese Aufgabe einem Katzensalon übertragen.

Viele Katzensalons bieten auch spezielle Kurse zur Fellpflege an. Häufig sind auch Tierärzte über die Kurstermine in Ihrer Gegend informiert.

Wenn eine Katze an einem Baum kratzt, kann eine alte Krallenschicht sich lösen und in der Rinde hängen bleiben.

Eine langhaarige Katze muss täglich gebürstet werden – bis zu 20 Minuten lang.

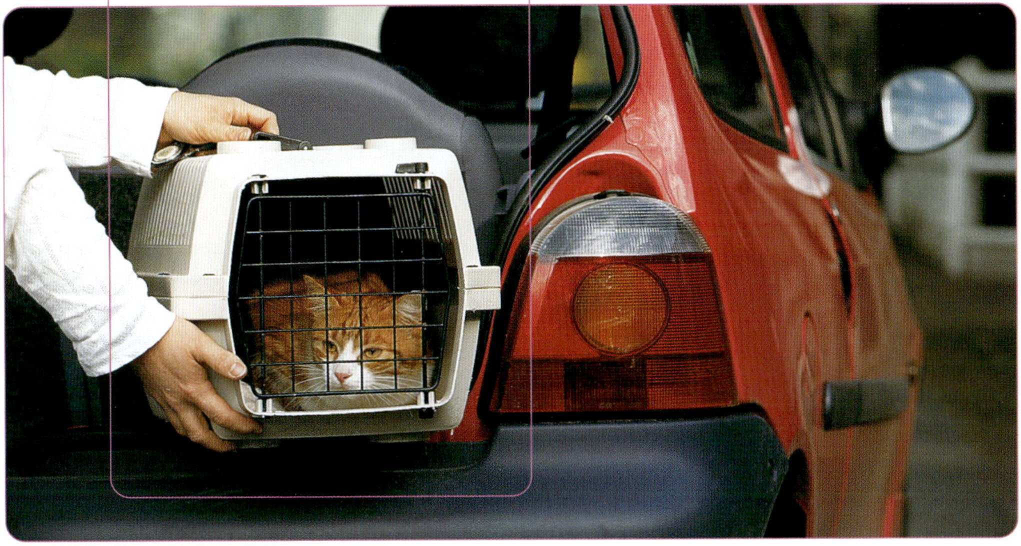

Wenn sie schon als Kätzchen daran gewöhnt werden, sind die meisten Katzen gute Reisebegleiter. Bei langen Strecken sollte man regelmäßige Pausen einlegen und ihnen die Möglichkeit geben, etwas zu fressen und zu trinken sowie die Katzentoilette zu benutzen.

Mit der Katze reisen

Wenn Sie mit Ihrer Katze verreisen, sollte sie ein elastisches Halsband mit einer Katzenmarke tragen, auf der Ihr Name und Ihre Telefonnummer stehen. Eine immer beliebtere Methode ist der elektronische Identifizierungschip, mit dem Haustiere schnell zugeordnet werden können.

Im Auto

Nach Möglichkeit sollten Sie Ihre Katze von klein auf ans Reisen gewöhnen. Wenn Sie früh damit anfangen, wird sie keine Angst davor haben. Und es ist weniger wahrscheinlich, dass sie reisekrank wird. Sie akzeptiert ihre Transportbox dann als einen Teil ihres Zuhauses, in dem sie sich sicher und geborgen fühlt.

Eine Katze sollte nie ohne eine Box im Auto transportiert werden. Sie lenkt den Fahrer möglicherweise zu sehr ab, was zu einem Unfall führen kann. Die Katzenbox sollte mit einem Sicherheitsgurt befestigt werden, sodass sie bei starkem Bremsen oder einem Unfall nicht durch das Auto geschleudert wird.

Transportboxen werden häufig von Menschen genutzt, die ihre Katzen auf Ausstellungen präsentieren. So bieten sie ihren Tieren einen sicheren und vertrauten Ort.

Wenn Sie Ihre Katze alleine im Auto lassen, müssen Sie unbedingt darauf achten, dass dieses im Schatten steht und gut gelüftet ist. In der Sonne kann die Temperatur rasch auf über 40 Grad Celsius ansteigen, sodass die Katze einen Hitzschlag erleiden kann. Bedenken Sie auch, dass die Sonne wandert und das Auto nach einer Weile möglicherweise nicht mehr schattig steht.

Im Urlaub

Sorgen Sie stets dafür, dass die Impfungen Ihrer Katze regelmäßig aufgefrischt werden, denn möglicherweise ist die Ansteckungsgefahr mit bestimmten Krankheiten an Ihrem Urlaubsort größer als in Ihrer Umgebung zu Hause. Auch externe Parasiten wie zum Beispiel Zecken könnten vorhanden sein. Bürsten Sie Ihre Katze daher jeden Tag gründlich und suchen Sie Haut und Fell nach Parasiten ab.

Wenn Sie länger an einem Ort bleiben, sollten Sie sich die Adresse des nächsten Tierarztes notieren.

Mit Bus, Zug oder Flugzeug reisen

Wenn Sie öffentliche Verkehrsmittel benutzen, muss Ihre Katze möglicherweise getrennt von Ihnen reisen. Für Tiere, die nicht an einen Käfig gewöhnt sind, kann das eine beängstigende Erfahrung sein. Ihre Katze sollte sich bereits vor der Reise sicher und geborgen in ihrer Transportbox fühlen. Statten Sie diese mit vertrauten Spielsachen und einer weichen Unterlage aus. Geben Sie der Katze sechs Stunden vor Beginn der Reise nichts mehr zu fressen. Wenn Sie befürchten, dass sie reisekrank wird, sollten Sie Ihren Tierarzt um Rat fragen.

Gewöhnen Sie Ihre Katze vor einer Reise an die Transportbox. Mit einer vertrauten Unterlage und ihrem Spielzeug wird sie sich sicherer darin fühlen.

In ein anderes Land reisen

Wenn Sie in ein anderes Land reisen, benötigen Sie in der Regel nicht nur Reisedokumente für sich selbst, sondern auch für Ihre Katze. Die Bestimmungen sind in den verschiedenen Ländern unterschiedlich. Erkundigen Sie sich daher früh genug, welche Vorschriften in dem Land gelten, in das Sie reisen möchten. Wahrscheinlich benötigen Sie eine amtstierärztliche Bestätigung, dass Ihre Katze reisefähig ist und keine Infektionen oder ansteckenden Krankheiten hat. Darüber hinaus sind in der Regel bestimmte Impfungen, zum Beispiel gegen Tollwut, nötig. In manchen Ländern müssen die Impfnachweise in der Landessprache ausgestellt sein.

Es gibt viele Länder, in denen es keine Tollwut gibt. Dazu gehören das Vereinigte Königreich, Hawaii, Australien und Neuseeland. In manchen Ländern müssen Tiere vor der Einreise für eine bestimmte Zeit in einer Quarantänestation untergebracht werden. Andere erlauben die Einreise, wenn das Tier mit einem Mikrochip versehen und ein Bluttest durchgeführt wurde.

Wenn Sie Ihre Reise planen, sollten Sie sich mit dem Konsulat oder der Botschaft des jeweiligen Landes in Verbindung setzen. Häufig sind die benötigten Informationen auch über das Internet abrufbar.

Einreisebestimmungen in Großbritannien

Im Februar 2000 wurde in Großbritannien ein Pilotprojekt gestartet, das Katzen und Hunden aus bestimmten westeuropäischen Ländern die Einreise und Tieren aus dem eigenen Land das Reisen in diese Länder ermöglicht, ohne dass sie vor der Einreise nach Großbritannien sechs Monate in Quarantäne verbringen müssen. Die Besitzer müssen bestimmte Häfen benutzen und können ihre Tiere nicht mit einem Privatboot oder einem Flugzeug ins Land bringen. Zum Zeitpunkt, als dieses Buch geschrieben wurde, durften Katzen und Hunde aus den folgenden Ländern am Einreiseprogramm teilnehmen: Andorra, Australien (nur Blindenhunde und Hörhunde), Belgien, Dänemark, Finnland, Frankreich, Deutschland, Griechenland, Island, Italien, Liechtenstein, Luxemburg, Monaco, die Niederlande, Neuseeland (nur Blindenhunde und Hörhunde), Norwegen, Österreich, Portugal, San Marino, Spanien, Schweden und die Schweiz.

Um die Voraussetzungen zur Einreise zu erfüllen, muss der Katze ein Mikrochip unter der Haut eingesetzt werden, mit dem sie identifiziert werden kann. Frühestens mit drei Monaten wird sie gegen Tollwut geimpft. Zirka 30 Tage nach der letzten Impfung wird dann eine Blutprobe entnommen und zur Untersuchung an ein von der jeweiligen Regierung des Landes autorisiertes Labor geschickt. Weist das Blut die erforderlichen Antikörper gegen Tollwut auf, kann man grundsätzlich mit dem Tier nach Großbritannien einreisen. Allerdings muss die Tollwutimpfung regelmäßig innerhalb eines Jahres aufgefrischt werden. Darüber hinaus muss 24 bis 48 Stunden vor der Einreise eine Bandwurm- und Zeckenbehandlung beim Tier durchgeführt und von einem Tierarzt bestätigt werden. Zudem muss ein amtstierärztliches Gutachten vorliegen, das die allgemeine Gesundheit des Tiers bescheinigt.

Katzen aus tollwutfreien Ländern

Wenn das Pilotprojekt in Großbritannien insgesamt erfolgreich läuft, soll es allmählich weiter ausgedehnt werden. Falls die entsprechenden Veterinärämter und Fluggesellschaften zustimmen, werden Katzen und Hunde möglicherweise bald zwischen Großbritannien und anderen tollwutfreien Inseln reisen dürfen.

Katzenpensionen

Die meisten Katzen gewöhnen sich sehr schnell an einen Aufenthalt in einer Katzenpension. Standard und Service variieren natürlich. In der Regel ist die Qualität der Unterbringung und Betreuung in teureren Katzenpensionen besser (allerdings nicht immer!). Seriös arbeitende Pensionen können Sie vorher besichtigen. Beobachten Sie bei der Gelegenheit, wie die dort untergebrachten Katzen sich verhalten, und informieren Sie sich beim Personal über Fütterung, Fellpflege und die generelle Betreuung der Katzen, die im Tagesablauf vorgesehen ist.

Lassen Sie sich auch von Ihrem Tierarzt beraten. Wahrscheinlich kann er Ihnen eine gute Pension empfehlen und Sie über die nötigen Impfungen informieren.

Katzensitter

Wenn Sie Ihre Katze nicht gerne in einer Katzenpension unterbringen möchten, können Sie auch einen Katzensitter engagieren, der Ihr Tier während Ihrer Abwesenheit betreut. In der Regel können Tierärzte Ihnen zuverlässige Betreuer empfehlen.

Wenn Sie mit Ihrer Katze verreisen, benötigen Sie in der Regel eine Reihe von Dokumenten und Bescheinigungen.

Bevor Sie Ihre Katze in eine Katzenpension bringen, sollten Sie prüfen, ob diese Ihren Vorstellungen entspricht.

Ernährung

Eine ausgewogene Kost

Wie alle Tiere benötigt auch die Hauskatze eine ausgewogene Ernährung, die alle essenziellen Nährstoffe in den richtigen Mengen enthält. Zu diesen Nährstoffen gehören Wasser, Proteine, Fette, Kohlenhydrate, Mineralien und Vitamine.

Die wilden Mitglieder der Katzenfamilie (Felidae) wie Löwen, Tiger, Geparden und die Europäische Wildkatze sind Fleischfresser. Zusammengenommen jagen und töten sie zahlreiche unterschiedliche Tiere, angefangen von kleinen Eidechsen und Vögeln bis zu großen Antilopen. Sie verzehren nicht nur Fleisch und Muskeln, sondern fressen ihre Beute häufig vollständig, samt Haut, Haar oder Federn und den inneren Organen wie Leber, Nieren und Darm. Daher enthält ihre Ernährung eine beträchtliche Menge an tierischem Protein und versorgt sie mit allen anderen essenziellen Nährstoffen, die sie benötigen.

Um gesund zu bleiben, brauchen auch Hauskatzen eine Kost, die tierisches Protein enthält, da sie die Aminosäure (einer der Bausteine des Proteins) Taurin benötigen. Diese beugt Herz- und Augenerkrankungen vor. Taurin ist reichlich in tierischem Protein enthalten. Der Anteil in pflanzlichem Protein ist dagegen sehr gering.

Auch Katzen, die gut gefüttert werden, jagen manchmal. Eine ausgewogene Ernährung enthält alle Nährstoffe, die eine Katze durch ihre natürliche Beute bekommen würde.

Hunde sind in der Lage, ausreichende Mengen dieser Aminosäure in ihrem Körper herzustellen, Katzen aber können nur eine kleine Menge produzieren, und dies genügt nicht, um sie ausreichend zu versorgen. Pflanzliches Protein kann diesen Mangel nicht ausgleichen. Ein Hund kann gesund bleiben, wenn er eine ausgewogene vegetarische Kost bekommt, bei einer Katze wäre das nicht möglich. Daher brauchen Katzen täglich tierisches Protein.

Wasser

Wasser ist der wichtigste Bestandteil der Katzenernährung. Während die meisten Tiere überleben können, selbst wenn sie bis zur Hälfte ihres Proteins und ihrer Fettreserven verloren haben, verursacht bei Katzen bereits ein Verlust von zehn Prozent des Körperwassers ernsthafte Erkrankungen und ein 15-prozentiger Verlust führt zum Tod.

Tiere können Wasser auf dreifache Weise aufnehmen. Sie trinken es, fressen Futter, in dem es enthalten ist, und darüber hinaus produziert ihr Körper etwas Wasser als Nebenprodukt bei der Umwandlung von Proteinen, Fetten und Kohlenhydraten in Energie.

Eine Katze, die sich wenig bewegt, benötigt täglich zirka 65–70 ml (zirka vier Esslöffel) Wasser pro Kilogramm Körpergewicht. Eine aktive Katze braucht zirka 85 ml (etwa sechs Esslöffel).

Proteine

Es gibt zahlreiche unterschiedliche tierische und pflanzliche Proteine. Jedes enthält eine bestimmte Kombination von Aminosäuren. Diese stellen das Material für das Wachstum und die Reparatur aller Körpergewebe zur Verfügung. Proteine sind unterschiedlich gut verdaulich.

Am besten lassen sich tierische Proteine aus Fleisch, Eiern und Käse verdauen. Am schlechtesten solche, die in Pflanzen wie Getreide und Gemüse enthalten sind. Die Ernährung der meisten Hauskatzen besteht zu einem beträchtlichen Teil aus tierischen Proteinen. Sie fressen aber auch einen gewissen Anteil an Pflanzen. Diese nehmen sie entweder über den Magen- und Darminhalt ihrer Beute auf oder indem sie bestimmte Pflanzen wie etwa Gras fressen.

Katzen fressen wahrscheinlich Gras, um Ballaststoffe zu sich zu nehmen und ihre Verdauung zu fördern. Häufig erbrechen Katzen sich, kurz nachdem sie Gras gefressen haben. Möglicherweise ist dies eine gute Methode, um überschüssigen Schleim aus dem Magen zu entfernen.

Fette

Fette und Öle enthalten Fettsäuren. Einige davon sind wichtig für die Aufrechterhaltung innerer Körperfunktionen und sorgen für eine gesunde Haut. Darüber hinaus sind sie Träger der fettlöslichen Vitamine (A, D, E und K). Fette sind eine konzentrierte Form von Energie (sie liefern doppelt so viele Kilokalorien wie Kohlenhydrate oder Proteine).

Wenn eine Katze mehr Energie über die Nahrung aufnimmt, als sie braucht, wird der überschüssige Anteil in Fett umgewandelt und im Körper abgelagert – beispielsweise unter der Haut oder um die Eingeweide herum. Diese Fettreserven dienen als Energiequelle, die je nach Bedarf angezapft wird.

Kohlenhydrate

Sie kommen in Pflanzen vor und enthalten Zucker, Stärke und Zellulose. Die Zuckerarten Saccharose und Glukose sind am leichtesten verdaulich. Kuhmilch enthält den Milchzucker Laktose, der von vielen erwachsenen Katzen nicht richtig verdaut werden kann. Daher gibt es für Katzen eine spezielle reduzierte oder laktosefreie Milch.

Mineralien

Mineralien spielen eine wichtige Rolle beim Wachstum und der Reparatur von Körpergewebe und werden bei der Bildung von roten und weißen Blutkörperchen sowie bei verschiedenen Verdauungsprozessen benötigt. Zwei der wichtigsten Mineralien für Katzen sind Kalzium und Phosphor. Sie sind an der Knochen- und Zahnbildung beteiligt.

Vitamine

Bestimmte Vitamine sind für verschiedene Körperprozesse unerlässlich. Die Vitamine A und D sind wichtig für das Knochenwachstum. Vitamin E wird für die Funktion von Muskeln, das Sehvermögen und reproduktive Prozesse benötigt. Vitamine der B-Gruppe erfüllen verschiedene Funktionen im Zusammenhang mit Stoffwechselprozessen. Vitamin C wird im Körper von Katzen hergestellt, sodass sie es nicht über die Nahrung aufnehmen müssen.

Ballaststoffe

Sie sind in pflanzlichem Material enthalten und liefern keine Nährstoffe. Aber sie fördern den Verdauungsprozess und absorbieren giftige Nebenprodukte, die dabei entstehen.

Die meisten Katzen sind disziplinierte Fresser und nehmen häufig kleine Portionen zu sich. Manche fressen allerdings stets ihren Futternapf leer, egal, wie viel Futter sich darin befindet.

Energie

Die Energie wird in Kilokalorien (beziehungsweise Kilojoule) gemessen. Sie ist der „Treibstoff", den eine Katze aus Proteinen, Fetten und Kohlenhydraten bezieht. Die Kalorienmenge, die eine Katze benötigt, um ihren grundlegenden Energiebedarf zu decken, variiert je nach Größe und Aktivität des Tieres. Die meisten ausgewachsenen Katzen wiegen zwischen 2,5 kg und 5,5 kg. Weniger aktive Wohnungskatzen benötigen nicht so viel Energie wie aktive Katzen, die viel Zeit draußen im Freien verbringen. Der Energiebedarf hängt zudem von der Außentemperatur ab. Bei sehr kalten Temperaturen ist er höher als in heißen, tropischen Gebieten. Vergleichsweise viel Energie benötigen hochträchtige Katzen, Katzenmütter, die ihre Jungen säugen, sowie kleine Kätzchen. Auch während einer Krankheit, der Genesungszeit danach oder in Stressphasen wird viel Energie verbraucht. Viele Katzen fressen von sich aus wenig, selbst wenn ihnen ständig Futter zur Verfügung steht (zum Beispiel bereitstehendes Trockenfutter oder die Möglichkeit zu jagen), und sie halten sich körperlich fit, sodass sie stets schlank bleiben. Andere fressen dagegen alles, was sie bekommen können, und wenn ihre Besitzer die Energiezufuhr nicht kontrollieren, werden sie rasch übergewichtig.

Es ist bei Hauskatzen nicht ungewöhnlich, im Herbst und Winter zuzunehmen und das zusätzliche Gewicht im Sommer wieder zu verlieren. Dies spiegelt wahrscheinlich die Situation in der freien Natur wider. Hier legen sich viele Tiere vor dem Winter Fettreserven an, da das Futter in dieser Jahreszeit häufig knapp ist. Wenn Katzen übermäßig zunehmen, ohne das Gewicht nach einiger Zeit wieder zu verlieren, liegt es in der Regel daran, dass sie zu viel fressen und sich zu wenig bewegen. In diesem Fall sollte die Energiezufuhr streng kontrolliert werden, denn zu dicke Katzen neigen, wie übergewichtige Menschen, stärker zu gesundheitlichen Problemen.

Übersicht zum Energiebedarf von Katzen

Aktivität	Ungefährer täglicher Energiebedarf in kcal/kg
Wohnungskatze	65–70
Aktive Katze	85
Trächtige Katze (in den letzten drei Wochen)	90–100
Säugende Mutter (je nach Anzahl der Kätzchen im Wurf)	140–170
Wachstumsphase (von der Entwöhnung bis zum Alter von 6 Monaten)	130
Wachstumsphase (6 bis 12 Monate)	100

Fertigfutter oder selbst zubereitete Nahrung?

Fast Food für Katzen gibt es genauso wie für Menschen. Sehen Sie sich nur einmal in einem Supermarkt um. Sie werden eine große Bandbreite von Dosen- und Trockenfutter sowie tiefgefrorene Mahlzeiten für Katzen entdecken. Es gibt spezielle Futtersorten für kleine Kätzchen, für erwachsene und ältere Katzen sowie für Katzen mit besonderen gesundheitlichen Problemen.

Wenn Sie darüber nachdenken, Ihrer Katze die Mahlzeiten selbst zuzubereiten, anstatt Fertigfutter zu kaufen, sollten Sie Folgendes bedenken: Viele Fertigfutter sind vollwertig und ausgewogen, das heißt, sie enthalten all die Nährstoffe, die Ihre Katze braucht. Bei selbst zubereiteten Mahlzeiten ist dies nicht gewährleistet.

Darüber hinaus sollten Sie auch an die Kosten und den Aufwand denken. Viele Katzenfuttermischungen sind teurer als selbst zubereitete Mahlzeiten. Aber diese erfordern auch mehr Zeit, sorgfältige Planung, Vorbereitung und Lagerung. Daher ist es für die meisten Katzenbesitzer sehr bequem, Fertigfutter zu kaufen. Wenn Sie sich für diese Variante entscheiden, sollten Sie hin und wieder eine Katzenmahlzeit selbst zubereiten, um für etwas Abwechslung zu sorgen.

Fertigfutter

Es gibt verschiedene Fertigfutterarten, die man entsprechend ihrem Feuchtigkeitsgehalt einteilen kann.

- Dosen- beziehungsweise Nassfutter, das einen Feuchtigkeitsgehalt von zirka 78 Prozent hat (ungefähr so hoch wie bei frischem Fleisch). Es enthält keine Konservierungsstoffe, da der Kochprozess alle Bakterien zerstört. Nach dem Öffnen muss es sofort verbraucht oder kühl gestellt werden, da es schnell verdirbt.
- Feuchtfutter. Es hat einen Feuchtigkeitsgehalt von zirka 30 Prozent und enthält in der Regel Konservierungsstoffe. Manche Produkte dieser Kategorie müssen nach dem Öffnen nicht gekühlt werden. In der Regel wird diese Futterart als besondere Leckerei verfüttert.
- Trockenfutter. Es hat einen Feuchtigkeitsgehalt von zirka zehn Prozent, enthält in der Regel Konservierungsstoffe und muss nicht gekühlt werden. Es ist hygienisch und lässt sich unproblematisch lagern.

Lesen Sie die Angaben auf der Verpackung, um zu prüfen, ob ein Fertigfutter ausgewogen zusammengestellt ist. Begriffe wie „vollwertig" oder „ausgewogen" weisen häufig darauf hin. Einige Hersteller versehen ihr Futter mit dem Vermerk, dass es einer Qualitätskontrolle unterzogen wurde.

Wahrscheinlich werden Sie Ihr Futter danach auswählen, wie viel es kostet, wie gerne Ihre Katze es frisst und welche Inhaltsstoffe es enthält. Auf der Verpackung sind in der Regel die wesentlichen Futterbestandteile sowie eine Analyse bestimmter Nährstoffe wie Protein, Fett und Salz aufgeführt. Viele Hersteller geben auch den Kaloriengehalt an, sodass Katzenbesitzer die richtige Futtermenge leichter bestimmen können. Auf einigen Verpackungen finden sich zudem konkrete Empfehlungen zur Futtermenge – je nach Gewicht, Alter und Aktivität der Katze.

Futter aus Tierarztpraxen und Kleintierhandlungen

Bestimmte Spezialfutterarten sind nur bei Tierärzten oder in Tierkliniken erhältlich. Sie werden bei gesundheitlichen Problemen wie Allergien, Magen-Darm-Problemen, Nieren-, Blasen- und Lebererkrankungen sowie Übergewicht verabreicht. Auch für trächtige und säugende Katzen gibt es spezielle Futtermischungen sowie für Katzen, die eine Operation hinter sich haben oder wegen Anämie oder einer Krebserkrankung behandelt werden.

Katzen lieben es zu fressen. Aber sie können auch bis zu 40 Prozent ihres Gewichts verlieren, ohne daran zu sterben.

Dosenfutter enthält zwar eine ausgewogene Nährstoffmischung, fördert aber nicht die Gesundheit von Zahnfleisch und Zähnen. Wenn die Katze gleichzeitig Trockenfutter erhält, kann man Zahnproblemen vorbeugen.

Selbst zubereitetes Futter

Wenn Sie ein paar oder sogar alle Mahlzeiten Ihrer Katze selbst zubereiten möchten, können Sie dies natürlich gerne tun. Sie sollten allerdings darauf achten, dass sie eine ausgewogene Kost bekommt, die genügend tierisches Protein enthält. Wenn Ihre Katze auch nach draußen kommt und Zugang zu natürlicher Beute wie Mäusen und Eidechsen hat, wird das Futter, das sie sich dort erjagt, mögliche kleinere Nährstoffmängel wahrscheinlich ausgleichen. Wenn sie nur die Nahrung frisst, die sie von Ihnen bekommt, müssen Sie gewissenhaft darauf achten, dass diese ausgewogen und vollwertig ist. Den Bedarf an tierischem Protein deckt man in der Regel mit rotem Fleisch, Leber, Niere, Herz, Huhn, Fisch und (in geringem Maße) Milch. Bedenken Sie, dass der Kochprozess einige Vitamine zerstört und zu starkes oder langes Erhitzen den Nährwert der Nahrung reduziert. Daher muss gekochtes Futter mit den richtigen Vitaminmengen ergänzt werden, so wie es auch bei qualitativ hochwertigem Fertigfutter gemacht wird. Bei Tierärzten und in Kleintierhandlungen sind kombinierte Ergänzungsmittel für Katzen erhältlich. Sie enthalten in der Regel Kalziumkarbonat oder Knochenmehl (um die richtige Mischung von Kalzium und Phosphor zu erzielen) sowie Jod und die Vitamine A und D.

Bevor Sie die Ernährung Ihrer Katze auf selbst zubereitetes Futter umstellen oder irgendwelche Ergänzungsmittel beimischen, sollten Sie mit Ihrem Tierarzt sprechen, da eine Überdosierung von Vitaminen und Mineralstoffen zu ernsten gesundheitlichen Problemen führen kann.

Katzen fressen gerne Leber. Allerdings sollte man sie ihnen nicht öfter als einmal pro Woche füttern. Große Mengen enthalten zu viel Vitamin A, was zu einem zu starken Knochenwachstum führen kann.

Zutaten für selbst zubereitete Mahlzeiten

Selbst wenn Sie sich dafür entscheiden, Ihrer Katze vorwiegend Fertigfutter zu geben, könnten einige der folgenden Informationen nützlich für Sie sein.

Fleisch und Fleischprodukte

Sowohl rotes als auch weißes Fleisch enthält Protein, B-Vitamine, Fett und Energie, aber je nach Fleischart unterscheidet sich der jeweilige Anteil.

Hühnerfleisch ist leichter verdaulich als rotes Fleisch, enthält aber viel zu wenig Kalzium und etwas zu wenig Phosphor. Bei anderen Fleischarten kann das Verhältnis von Phosphor und Kalzium extrem auseinanderklaffen. Es variiert von zirka 10 : 1 bei Kaninchen und Ochsenherz über 30 : 1 bei Kalbfleisch bis zu 360 : 1 bei frischer Leber. Fleisch enthält überdies zu wenig Vitamin A und D, Jod, Kupfer, Eisen, Magnesium und Natrium. Daher sollte es ergänzt werden, vor allem mit Kalzium. Rohes Fleisch ist sehr nährstoffhaltig. Wenn man es erhitzt, wird ein großer Anteil des Vitamin-B-Gehalts zerstört.

Leber enthält sehr viel Protein, Fett, fettlösliche Vitamine (A, D und E) sowie die B-Vitamine. Bei einer Erhitzung wird der Vitamin-A-Gehalt reduziert. Das ist aber kein Problem, da zu viel Vitamin A zu einem unnormalen Knochenwachstum führen kann. Der Leberanteil im Futter Ihrer Katze sollte insgesamt nicht mehr als zehn Prozent betragen.

Fisch

Weißer Fisch hat einen Nährstoffgehalt, der dem von magerem Fleisch ähnelt. Er enthält weniger als zwei Prozent Fett, und der Anteil der fettlöslichen Vitamine (A, D, E und K) ist zu gering.

Fettreiche und ölige Fische (wie Thunfisch) haben einen hohen Vitamin-A- und D-Gehalt sowie einen großen Anteil an ungesättigten Fettsäuren. Fisch enthält generell qualitativ sehr hochwertiges Protein und Jod. Allerdings besteht ein Mangel an Kalzium, Phosphor, Kupfer, Eisen, Magnesium und Natrium.

Zu viel roher Fisch kann Ihrer Katze schaden, da er Thiaminase enthält, ein Enzym, das Thiamin (ein wichtiges B-Vitamin) zerstört. Thiaminase wird durch Hitze deaktiviert, daher sollte man Fisch am besten erhitzen, bevor man ihn der Katze füttert. Vorsicht ist auch bei den Gräten geboten. Sie können in den Zähnen und im Hals der Katze stecken bleiben. Daher sollte man Fische, bei denen man die Gräten nicht entfernt, kochen oder dämpfen, damit diese weich werden. Der Nährwert ist in diesem Fall besser als der von Fleisch.

Relative Nährwerte von Fleisch

Fleischart	**Protein** (Durchschnitt in %)	**Fett** (Durchschnitt in %)	**Energie** (Kalorien/100 g)
Rind	20	15	220
Huhn (Fleisch)	20	4,5	120
Huhn (Hals)	13,2	18	230
Huhn (Haut)	16	17	223
Lamm	15	22	265
Leber (Ochse)	20	3,8	140
Niere (Ochse)	15	6,7	130
Herz (Ochse)	170	3,6	108

Eier

Eier enthalten Eisen, Protein, die meisten Vitamine (außer Vitamin C), Fette und Kohlenhydrate. Ganze Eier liefern zirka 160 Kilokalorien pro 100 Gramm. Sie sind ein ausgewogenes Nahrungsmittel und eine gute Quelle für tierisches Protein und essenzielle Nährstoffe, vor allem, wenn sie roh verfüttert werden. Allerdings sollte eine erwachsene Katze nicht mehr als ein rohes Ei pro Woche erhalten, da das Eiweiß Avidin enthält. Dieses kann die Verfügbarkeit des B-Vitamins Biotin reduzieren, das unter anderem für gesunde Haut und Haare sowie die Muskelfunktion essenziell ist. In gekochten, pochierten oder gebratenen Eiern ist das Avidin reduziert, aber auch der Nährwert ist geringer. Die Anzahl der Eier kann auf zwei bis drei pro Woche gesteigert werden, wenn Sie Ihrer Katze nur das Eigelb füttern. Dieses hat allerdings einen relativ hohen Fettgehalt (zirka 31 Prozent). Zu viel davon kann daher zu Übergewicht führen.

Milch, Käse und Joghurt

Milchprodukte enthalten viel Protein, Fett, Kohlenhydrate, Kalzium, Phosphor, Vitamin A und die B-Vitamine. Vollmilch ist eine gute Kalziumquelle für Kätzchen, und die meisten Katzen mögen sie. Allerdings enthält sie Milchzucker, und wenn die Kätzchen heranreifen, nimmt ihre Fähigkeit, die Milch zu verdauen, ab. Daher kann Milch zu Durchfall führen. Katzen mit einer Laktoseintoleranz reagieren mit einer allergischen, trockenen und juckenden Haut darauf.

Sahne ist ein guter Energielieferant, aber in zu großen Mengen gefüttert, kann sie zu Übergewicht führen.

Käse ist eine gute Proteinquelle und enthält keine Laktose. Pasteurisierter Joghurt ist ebenso laktosefrei, doch nicht alle Katzen mögen ihn.

Fette und Öle

Ein Fettmangel in der Ernährung führt zu einer juckenden Haut, die trocken und schorfig werden kann.

Fett ist fast zu hundert Prozent verdaulich und macht die Nahrung schmackhafter. Der Nährwert von Pflanzenölen und Fischfetten ist besser als der von anderen tierischen Fetten. Distel- und Maisöl sind hervorragende Lieferanten von ungesättigten Fettsäuren.

Gemüse

Die meisten Gemüsesorten enthalten viel Vitamin C sowie B-Vitamine. Katzen können Vitamin C in ihrem Körper synthetisieren und müssen es daher nicht über die Nahrung aufnehmen. Einige Katzen fressen gerne Gemüseeintopf mit Fleisch oder Fisch. Denken Sie jedoch daran, dass zu starkes Kochen den Nährwert des Gemüses reduziert.

Getreide

Getreide ist ein guter Kohlenhydratlieferant und enthält zudem einige Proteine, Mineralien und Vitamine. In Weizenkeimen sind Thiamin und Vitamin E enthalten. Weizen, Hafer und Gerste haben einen höheren Proteingehalt und weniger Fett als Mais und Reis. Reis ist für Katzen ein schmackhaftes Nahrungsmittel und wird als Bestandteil in vielen Fertigfuttermischungen verwendet.

Hefe ist reich an B-Vitaminen und einigen Mineralien und kann gerade bei älteren Katzen positive Wirkungen haben. Auch große Mengen haben keine negativen Nebenwirkungen.

Ballaststoffe

Die Ernährung der Katze sollte in der Regel zirka zu fünf Prozent aus pflanzlichen Ballaststoffen bestehen (trocken abgewogen). Ballaststoffreiche Diäten (die 10–15 Prozent Ballaststoffe enthalten) können zur Gewichtsreduzierung angewendet werden. Zudem nutzt man sie bei diabetischen Katzen, da die Ballaststoffe die Aufnahme von Glukose (dem Endprodukt der Kohlenhydratverdauung) nach einer Mahlzeit verlangsamen.

Knochen

Knochen und Knochenmehl enthalten 30 Prozent Kalzium und 15 Prozent Phosphor, Magnesium und Proteine. Zu viele Knochen im Futter können Verstopfungen verursachen. Fragen Sie daher Ihren Tierarzt nach der geeigneten Menge.

Bevor Sie Ihrer Katze Hühnerknochen geben, sollten Sie sich ebenfalls vom Tierarzt beraten lassen. So wie Fischgräten werden auch Hühnerknochen im Dampfkochtopf weich und können dann nicht mehr splittern.

Wasser

Sorgen Sie dafür, dass stets sauberes, frisches Wasser zur Verfügung steht. Eine Katze benötigt täglich insgesamt zirka 40 ml Wasser pro Kilogramm Körpergewicht. Der Wasserbedarf variiert natürlich je nach Umgebungstemperatur und der Ernährung der Katze. Erhält sie Trockenfutter, benötigt sie entsprechend mehr Wasser. Auch bei Krankheiten wie Durchfall, Diabetes oder einem Nierenleiden erhöht sich der Wasserbedarf.

Das Angebot an unterschiedlichen Futtersorten für Katzen ist groß. Die meisten mögen am liebsten eine abwechslungsreiche Kost.

Füttern

Wählen Sie als Futterplatz einen kühlen Ort aus, an dem Ihre Katze ungestört fressen kann. Verwenden Sie Futternäpfe, die sich gut reinigen lassen, und säubern Sie diese nach jeder Mahlzeit.

Katzen gelten in Bezug auf ihr Fressen als sehr wählerisch. Sie fressen nur absolut frisches Futter, da sie nicht nur durch ihren Hunger zum Fressen angeregt werden, sondern auch durch den Geruch. Generell mögen sie ihr Futter am liebsten warm oder bei Zimmertemperatur, da es dann ein besseres Aroma hat.

Ein Kätzchen füttern

Die Milch der Katzenmutter ist reich an Protein und Fett, und das Futter für das Kätzchen sollte diese Kriterien in den ersten Wochen nach der Entwöhnung ebenfalls erfüllen. Ein heranwachsendes Kätzchen benötigt bis zu dreimal so viel Energie pro Kilogramm Körpergewicht wie eine ausgewachsene Katze. Und da es nur eine begrenzte Magenkapazität hat, muss es mehrere Male am Tag gefüttert werden.

Im Handel sind zahlreiche, speziell für die Bedürfnisse von Kätzchen zusammengestellte Futtersorten erhältlich. Sie sollten sich entweder für Fertigfutter oder für selbst zubereitete Mahlzeiten entscheiden und dann möglichst bei einer Variante bleiben, da es sonst zu Unausgewogenheiten kommen kann.

Generell sollte ein Kätzchen zwischen acht und zwölf Wochen mindestens vier Mahlzeiten täglich erhalten. Im Alter zwischen drei und sechs Monaten sollte es dreimal am Tag gefüttert werden. Danach können Sie den Ablauf für erwachsene Katzen einführen, der auf der nächsten Seite beschrieben wird.

Eine erwachsene Katze füttern

Im Gegensatz zu Hunden, die als Rudeltiere so viel Futter auf einmal verschlingen wie möglich, gehen Katzen alleine auf die Jagd und fressen keine großen Portionen. Wenn sie die Wahl haben, fressen sie ihre tägliche Ration am liebsten auf mehrere kleine Mahlzeiten am Tag verteilt.

Für die meisten Besitzer ist es praktisch, ihrer Katze eine Mischung aus Nass- und Trockenfutter zu geben. Tockenfutter kann tagsüber stehen bleiben, sodass die Katze sich nach Belieben selbst bedienen kann. Nassfutter füttert man in kontrollierten Mengen zwei- oder dreimal täglich. Wenn Sie mehrere Katzen haben, müssen Sie diese unter Umständen getrennt voneinander füttern. So vermeiden Sie, dass eine dominante Katze den anderen das Futter wegfrisst. Und Sie können die Futtermenge jeder Katze genau kontrollieren.

Die Futtermenge

Die meisten Katzen fressen nur so viel, dass ihr Energiebedarf gedeckt ist. Dieser hängt von ihrer Aktivität ab sowie von ihrer Stoffwechselrate (der Geschwindigkeit, mit der die Energie verbrannt wird).

Frisst die Katze mehr, als sie braucht, wird die überschüssige Energie in Fettdepots unter der Haut und unter dem Bauch gelagert. Einige Fertigfuttersorten sind besonders schmackhaft, sodass die Katze dazu verleitet wird, sich zu überfressen. Prüfen Sie die Angaben zum Energiegehalt auf der Packung und bemessen Sie dementsprechend die benötigte Menge. Wenn Sie das Futter selbst zubereiten, lassen sich die richtigen Mengen schwerer einschätzen. Sie sollten daher stets darauf achten, dass Ihre Katze nicht zu dick wird. Kontrollieren Sie, ob sie gesund aussieht, ob sie aktiv und aufmerksam ist und ein gesundes, glänzendes Fell hat. Wenn all diese Faktoren erfüllt sind, ist die Ernährung der Katze wahrscheinlich ausgewogen und die Futtermengen sind richtig auf sie abgestimmt.

Wenn Sie Ihrer Katze zwischen den Mahlzeiten hin und wieder kleine Leckereien geben, sollten Sie bedenken, dass diese kalorienhaltig sind, und dies bei der Gesamtfuttermenge berücksichtigen.

Ernährungsprobleme

Bei der Verwendung von Fertigfutter sind sie nicht sehr wahrscheinlich, aber es kann zu Ernährungsproblemen kommen, wenn eine Katze

- das falsche Futter bekommt,
- frisst, aber das Futter aufgrund einer Krankheit nicht so gut verwerten kann,
- aus verschiedenen Gründen nichts frisst.

Eine Unterernährung führt zu mangelnder Energie, Gewichtsverlust (der Körper verbrennt zunächst die Fettreserven und dann das Protein in den Muskeln) und schließlich zum Verhungern. Zur Unterernährung kann es auch zu kommen, wenn dem Futter essenzielle Nährstoffe fehlen.

Eine Überfütterung verursacht Übergewicht und kann auch zu Vergiftungen führen, wenn bestimmte Nährstoffe (wie zum Beispiel Vitamin A) in zu großen Mengen aufgenommen werden.

Haustiere, die zusammen aufwachsen, können gute Freunde werden.

Ihre Katze verstehen

Das Sozialsystem der Katzen

Das Sozialsystem von Katzen hängt in der freien Natur von ihrem Ökosystem ab – die Verfügbarkeit von Nahrung ist dabei das wichtigste Kriterium. Ist genügend Nahrung vorhanden, sodass zwei oder mehr Katzen auf engerem Raum leben können, kommt es manchmal zur Bildung einer Gruppe. Die meisten Gruppen bestehen aus weiblichen Katzen, die miteinander verwandt sind, sowie ihren Jungen und noch nicht ausgewachsenen Katern.

Die weiblichen Katzen ziehen ihre Jungen gemeinsam auf und teilen ihre Beute miteinander. Ausgewachsene Kater sind kein Teil des Familienverbands. Sie tauchen nur sporadisch zu Paarungszwecken auf und kümmern sich nicht um die Aufzucht der Jungen.

Wenn die Nahrung knapp ist, bleiben Katzen eher für sich. Dann verteidigen sie ihr Revier, zu dem das Nest für die Jungen gehört sowie eventuell eine gute Futterquelle. Das Revier wird mit Duftstoffen und sichtbaren Signalen wie Kratzmarkierungen oder unverscharrten Fäkalien markiert. Betritt eine Katze das Revier einer anderen, riskiert sie, angegriffen zu werden. Allerdings kann es bei den Jagdgründen auch zu Überschneidungen kommen. Wenn das der Fall ist, begegnen sich die Katzen, die das gleiche Gebiet für ihre Streifzüge nutzen, allerdings selten. Offensichtlich gibt es unter ihnen eine gewisse Regelung, die dafür sorgt, dass sie zu unterschiedlichen Zeiten im entsprechenden Gebiet unterwegs sind.

Katzen lieben erhöhte Plätze. Daher nutzen sie gerne Fenster zum Ein- und Ausgehen.

Es ist wichtig, Kindern beizubringen, wie man eine Katze richtig hält, damit ihr Gewicht gut gestützt wird. Eine Katze, die sich unwohl fühlt, wird kratzen und beißen, um sich aus ihrer Position zu befreien.

Die Beziehung von Menschen und Katzen

Katzen sind grundsätzlich nicht abhängig vom Menschen, da sie meistens in der Lage sind, in der freien Natur zu überleben. In städtischen Gebieten ist es schwierig, genug Beute zu finden, um ganz wild zu leben, daher ist der Kontakt zum Menschen nötig und vorteilhaft. Die Beziehung zwischen Katzen und Menschen ist symbiotischer Natur, das heißt, sie hat für beide Seiten Vorteile. Katzen bekommen einen geschützten Ort und Futter und werden darüber hinaus gesundheitlich versorgt. Wir Menschen werden im Gegenzug von lästigen Mäusen und Ratten befreit und haben Gesellschaft.

Anders als Hunde betrachten Katzen den Menschen nicht unbedingt als Teil ihrer eigenen sozialen Gruppe. Die Sozialordnung von Katzen in einem Haushalt bezieht in der Regel nur die Katzen ein. Allerdings kann dies bei Katzen, die ohne Artgenossen in sehr engem Kontakt mit Menschen aufgewachsen sind, anders sein. Sie sehen die Menschen als Teil ihrer eigenen sozialen Gruppe und können daher auch ein aggressives Verhalten ihnen gegenüber zeigen, das mit Rangordnungsproblemen zu tun hat (s. S. 72). Einige Rassen wie die Siam- und Burmakatze wurden gezielt auf ein freundliches Wesen dem Menschen gegenüber gezüchtet. Sie sind häufig überaus anhänglich und auch sehr abhängig von ihren Besitzern.

Die soziale Entwicklung von Kätzchen

Kätzchen kommen blind und taub zur Welt. Im Alter von zwei Wochen öffnen sie ihre Augen und mit drei Wochen beginnen sie zu spielen. In diesem Stadium hören sie bereits gut und ihr Geruchssinn ist ausgebildet, so dass sie flehmen (s. unten). Das Sehvermögen entwickelt sich langsam über einen Zeitraum von zehn Wochen.

Im Alter zwischen vier und elf Wochen wird der Spieltrieb stärker und nimmt dann wieder ab. Mit acht Wochen sind Kätzchen in der Lage, kleine Beutetiere zu erlegen und zu fressen. Es ist wichtig, dass Kätzchen zwischen der zweiten und siebten Woche engen Kontakt zum Menschen haben, da sie sich sonst stets vor ihm fürchten werden. Wenn sie isoliert von anderen Katzen oder Kätzchen aufwachsen, können sie möglicherweise nie eine normale Beziehung zu ihren Artgenossen entwickeln.

Kätzchen kommen blind und taub zur Welt und sind sehr hilflos, bevor sie das Alter von zwei Wochen erreichen.

Der Geruchssinn der Katze

Katzen haben einen ausgeprägten Geruchssinn und ein spezielles Riechinstrument, das sogenannte vomeronasale Organ, mit dem sie Gerüche wahrnehmen. Wenn Katzen einen Duft mit diesem Organ prüfen, halten sie das Maul geöffnet und verziehen das Gesicht dabei zu einer Grimasse.

Düfte sind ein wichtiges Kommunikationsmittel für Katzen. Sie dienen zur Markierung des Reviers, zum Beispiel durch Urinspritzer oder durch Duftmarkierungen über Drüsen im Gesicht oder den Füßen, die beim Reiben oder Kratzen hinterlassen werden. Zudem werden Gerüche mithilfe der Analdrüsen auf Fäkalien platziert. Man nimmt an, dass die Duftspuren Informationen über die Identität, den sozialen Rang sowie die Paarungsbereitschaft einer Katze enthalten. Darüber hinaus gibt es bestimmte

Der Geruchssinn ist wahrscheinlich der wichtigste Sinn der Katze

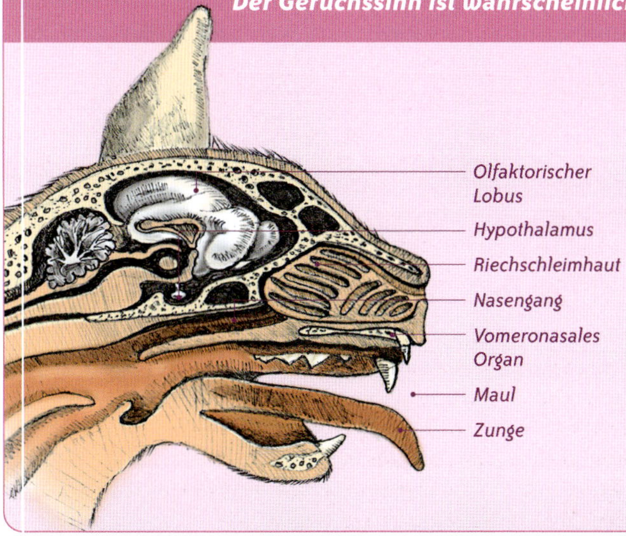

Katzen sind mithilfe des sogenannten Flehmens in der Lage, kleinste Duftspuren wahrzunehmen, die ihnen Auskunft über den sozialen Rang und die Paarungsbereitschaft anderer Katzen geben. Durch das Flehmen mit offenem Maul werden die chemischen Elemente des Dufts zum vomeronasalen Organ geleitet.

Gruppendüfte, sodass die Mitglieder eines Clans sich gegenseitig erkennen können.

Düfte spielen auch eine wichtige Rolle, um den Appetit von Katzen anzuregen. Zudem helfen sie ihnen, ihre Beute zu identifizieren. Katzen mit einer Virusinfektion der oberen Atemwege, die zu einer verstopften Nase führt, fressen oft nichts mehr, weil sie ihre Nahrung nicht riechen können.

Sehvermögen

Katzen haben ein gutes stereoskopisches Sehvermögen und können hervorragend Bewegungen erkennen. Ihre Fähigkeit, Licht wahrzunehmen, ist drei- bis achtmal besser als beim Menschen. Ihre visuelle Reichweite umfasst einen Bereich zwischen 25 Zentimetern und zwei Metern Entfernung. Außerdem bietet ihre Sehkraft ihnen eine ausgezeichnete Tiefenschärfe. Katzen können dank ihres sogenannten Tapetum cellulosums sehr gut im Dunkeln sehen, da dieses das Licht auf die Retina zurückreflektiert.

Viele Siamkatzen haben aufgrund eines vererbten Defekts eine schlechte stereoskopische Sicht und können Dinge in der Nähe nicht scharf sehen.

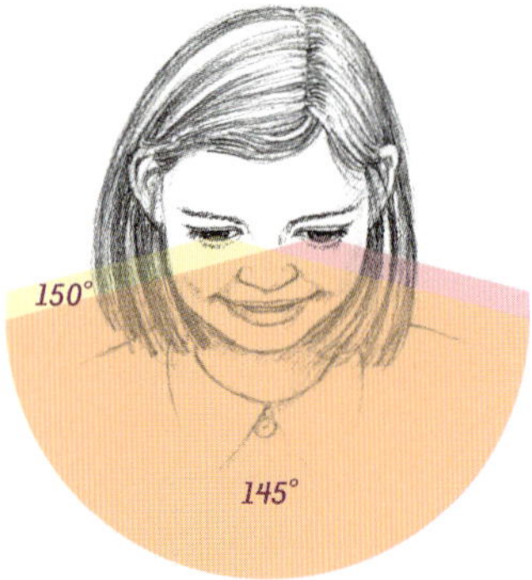

Der Mensch hat ein Gesichtsfeld von 150 Grad. 145 Grad davon werden mit beiden Augen erfasst.

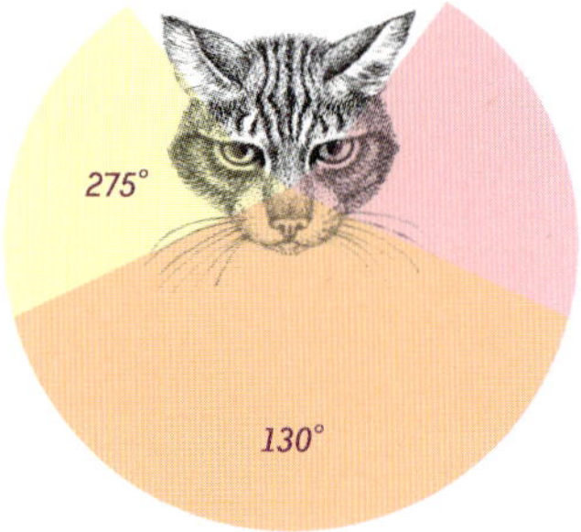

Eine Katze hat ein Gesichtsfeld von 275 Grad. 130 Grad werden mit beiden Augen erfasst.

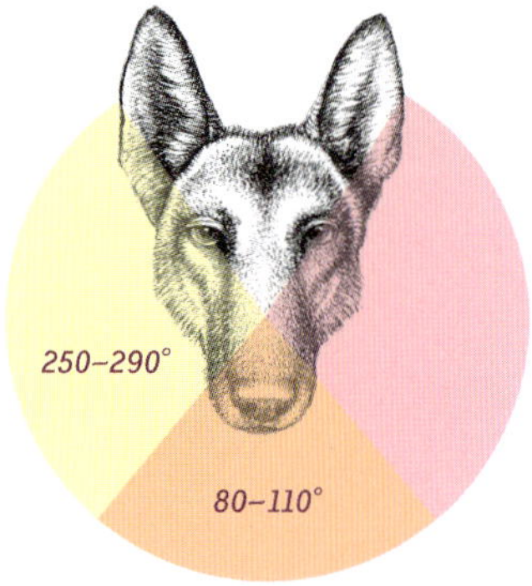

Ein Hund hat ein Gesichtsfeld von 250 bis 290 Grad, wobei nur 80 bis 110 Grad mit beiden Augen erfasst werden – das ist ein viel kleinerer Bereich als beim Menschen.

Der Duft ist ein wichtiges Kommunikationsmittel für Katzen. Er markiert Reviergrenzen und liefert Informationen über die anderen Katzen der Gegend. Die Katze auf dem Foto „flehmt“. Mit offenem Maul nimmt sie einen Duft wahr.

Katzen sehen bei Nacht ausgezeichnet. Das liegt zum Teil am Tapetum cellulosum, das Licht zur Retina zurückreflektiert.

Geräusche

Katzen sind sehr sensibel für hohe Frequenzen im Bereich von zirka 60 Kilohertz. Sie können daher das Quieken von Nagern im Ultraschallbereich wahrnehmen. Ihre bewegliche Ohrmuschel (Pinna) hilft ihnen zu orten, woher ein Geräusch kommt. Zusätzlich zu ihrem ausgezeichneten Gehör haben Katzen Vibrationsdetektoren in ihren Pfoten, sodass sie sogar niedrigste Frequenzen zwischen 200 und 400 Hertz wahrnehmen können – allerdings nur für eine kurze Zeit.

Lautäußerungen

Katzen schreien, wenn sie angegriffen werden oder Angst haben. Sie jaulen und heulen drohend, um Eindringlinge abzuschrecken. Sie miauen laut, um Aufmerksamkeit zu bekommen oder um bekannte Tiere und Menschen zu begrüßen.

Katzen schnurren, wenn sie entspannt sind oder eine angenehme Erfahrung machen, zum Beispiel wenn sie ihre Jungen säugen oder gestreichelt werden. Manchmal schnurren sie aber auch, wenn sie gestresst oder krank sind. Im Schlaf schnurren Katzen nie.

Verhaltensprobleme

Katzen verhalten sich nur selten problematisch oder aggressiv, es sei denn, sie wurden nicht kastriert oder leben auf zu engem Raum mit Artgenossen.

Wenn Verhaltensprobleme auftreten, lassen sich diese in der Regel erklären und man kann auf geeignete Weise darauf reagieren.

Rangordnungaggression

Manche Katzen sind von Natur aus dominant und wollen die Kontrolle haben. Ohne ersichtlichen Grund fauchen sie ihre Besitzer an oder beißen sie. Häufig geschieht dies, wenn sie auf deren Schoß sitzen und gestreichelt werden. Plötzlich spannen sie ihren Körper an, ihre Pupillen weiten sich, sie schlagen mit dem Schwanz und beißen ihrem Besitzer in die Hand oder halten diese mit den Zähnen fest.

Eine solche Katze kann sogar angreifen, wenn ihr Besitzer sie gerade gestreichelt hat und aufstehen oder nur seine Position verändern möchte.

Was können Sie tun?

Achten Sie auf Signale, die ein aggressives Verhalten ankündigen. Hören Sie sofort auf, die Katze zu streicheln, wenn sie ihren Körper anspannt. Stehen Sie auf, ohne sie zu berühren, und lassen Sie sie auf den Boden fallen. Falls nötig, können Sie eine Wasserpistole oder Hupe einsetzen, um die Katze aus ihrem Aggressionsmodus herauszubringen.

Diese Aggressionsform lässt sich nicht verhindern. Sie müssen akzeptieren, dass solche Katzen stets kontrolliert werden müssen und nie richtige Schmusekatzen sein werden.

Der Gemütszustand einer Katze lässt sich an ihrem Gesichtsausdruck ablesen

Eine glückliche Katze – die Ohren sind aufgestellt und die Schnurrhaare entspannt.

Zufriedener Ausdruck – die Augen sind halb geschlossen, die Schnurrhaare entspannt.

Aufmerksamer Zustand – zwischen Zufriedenheit und Nervosität

Die Katze ist nervös – die Ohren sind zurückgelegt, die Schnurrhaare zeigen leicht nach vorne.

Zorniger und ängstlicher Zustand – die Ohren sind flach, die Augen verengt, die Schnurrhaare zeigen nach vorne.

Ein gewölbter Rücken und ein aufgestelltes Fell sind Anzeichen von Furcht oder Aggression. Die Katze sieht auf diese Weise größer und furchterregender aus. Kätzchen üben diese Körperhaltung beim Spiel.

Umgelenkte Aggression

Katzen sind Meister darin, ihre Wut an anderen auszulassen. Wenn eine Katze beispielsweise durch ein Fenster hindurch einen Eindringling in ihrem Revier sieht, ihn aber nicht vertreiben kann, weil sie eingesperrt ist, lässt sie ihre Aggression an jemand anderem aus – es kann sogar Sie treffen.

Wenn Sie sich der Katze nähern, während Sie den Eindringling anfaucht, ist es gut möglich, dass sie sich umdreht und Sie attackiert. Dies kann auch passieren, wenn zum Beispiel ein Gegenstand im gleichen Moment aus einem Regal fällt, in dem Sie den Raum betreten. Möglicherweise erschrickt die Katze, verknüpft diese Erfahrung aber mit Ihnen und greift Sie an.

Was können Sie tun?

Am besten entfernen Sie sich, bis die Katze sich wieder beruhigt hat. Versuchen Sie nicht, sich ihr zu nähern, da sie in einer solchen Situation noch längere Zeit aggressiv reagieren kann. Wenn die Katze weiterhin negativ auf Sie reagiert, sollten Sie unter Umständen einen Tiertherapeuten zu Rate ziehen, der ein verhaltensveränderndes Programm entwickeln und gegebenenfalls Medikamente verordnen kann.

Vorbeugende Maßnahmen gegen aggressives Verhalten

Vermeiden Sie es, sich Ihrer Katze zu nähern, wenn Sie auf etwas reagiert, das sich draußen abspielt. Eilen Sie nie auf sie zu, um sie zu trösten oder zu beruhigen, wenn ein Gegenstand in ihrer Nähe herabgefallen ist oder ein lautes Geräusch sie erschreckt hat.

Beuteaggression

Einige Katzen greifen Menschen an, als seien sie Beute – sie pirschen sich heran und attackieren die Menschen dann sehr wild. Dieses Verhalten ist besonders gefährlich, wenn es gegen Kinder oder ältere Menschen gerichtet ist.

Was können Sie tun?

Wenn die Katze beginnt, sich anzuschleichen, sollten Sie sie mit einer Hupe oder einer Wasserpistole erschrecken. Vermeiden Sie möglichst all die Dinge, die dieses Verhalten bei der Katze auslösen – zum Beispiel Zehenwackeln in Sandalen oder herabhängende Bänder oder Gürtel an Kinderkleidung.

Manche Katzen liegen bereits auf der Lauer, wenn ihre Besitzer morgens zum Frühstücken kommen oder regelmäßig etwas anderes tun. Variieren Sie daher nach Möglichkeit Ihren Tagesablauf, damit Ihre Katze sich nicht an einem bestimmten Platz auf die Lauer legt, um Sie anzugreifen.

Vorbeugende Maßnahmen gegen die Beuteaggression

Fördern Sie das Beuteverhalten auch bei einem kleinen Kätzchen nicht. So sollten Sie keine Versteckspiele spielen oder die Katze auffordern, Ihnen hinterherzujagen. Befestigen Sie ein Glöckchen am Halsband der Katze, damit Sie wissen, wann sie sich nähert. (Dies ist allerdings kein unfehlbares Mittel, da manche Katzen lernen, sich zu bewegen, ohne dass das Glöckchen zu hören ist.)

Spielaggression

Diese tritt am häufigsten bei Kätzchen auf, die von Hand aufgezogen wurden. Aufgrund des mangelnden Kontakts mit den Geschwistern hatten diese Katzen keine Möglichkeit zu lernen, beim Spielen mit den anderen nicht so fest zuzubeißen und die Krallen einzuziehen. Manchmal beißen sie viel zu stark zu, obwohl sie gar nicht beabsichtigen, Sie zu verletzen.

Was können Sie tun?

Wenn die Katze während des Spiels mit ausgefahrenen Krallen nach Ihrer Hand schlägt oder Ihre Füße attackiert, sollten Sie den Angriff auf ein Spielzeug umlenken. Lässt sich die Katze nicht von Ihnen abbringen, spritzen Sie ihr mit einer Wasserpistole ins Gesicht und sagen dabei „Au".

Dieses Kätzchen ist bereit, einen Spielkameraden anzuspringen. Diese Körperhaltung sieht man auch bei der Jagd.

Beim Spielen entwickeln Kätzchen körperliche Fähigkeiten und üben Selbstverteidigungstechniken, die sie später in ihrem Leben benötigen werden.

Belohnen Sie ruhiges, sanftes Spielen mit kleinen Leckerbissen wie zum Beispiel Käsehäppchen oder Katzenkeksen. Ermuntern Sie Katzen nie dazu, Hände oder Füße zu jagen, selbst wenn diese unter einer Bettdecke versteckt sind.

Vorbeugende Maßnahmen gegen die Spielaggression

Sorgen Sie dafür, dass Ihr Kätzchen Kontakt mit anderen Kätzchen oder erwachsenen Katzen hat, damit es in dieser prägenden Phase sozialisiert wird.

Angstaggression

Katzen, die in den ersten Wochen ihres Lebens keinen Kontakt zu Menschen hatten, fürchten sich häufig vor ihnen und können sich aggressiv verhalten, wenn man sich ihnen nähert. Sie weichen zurück, kauern sich zusammen oder liegen auf einer Seite und fauchen mit angelegten Ohren und weiten Pupillen. Zunächst werden sie versuchen, einer Begegnung aus dem Weg zu gehen. Aber wenn sie nicht ausweichen können, werden sie wahrscheinlich zubeißen.

Dieses Verhalten wird häufig bei Kätzchen beobachtet, die aus wild lebenden Gruppen stammen und von Menschen aufgenommen wurden. Auch wenn ein alleinstehender älterer Mensch stirbt und seine Katze in ein neues Zuhause kommt, kann das Verhalten auftreten. Manchmal zeigen Katzen eine Angstaggression zudem, wenn sie aus ihrer bekannten Umgebung herausgenommen werden, zum Beispiel beim Tierarzt oder in einer Katzenpension.

Was können Sie tun?

Mit viel Zeit und Geduld lässt sich die Angstaggression von wild geborenen Katzen oder solchen, die nach längerer Isolation in ein neues Zuhause kommen, meistens überwinden. Allerdings sind manche wild geborenen Katzen aus genetischen Gründen ängstlich, sodass nie verschmuste Haustiere daraus werden. Man sollte sie so akzeptieren, wie sie sind, und ihre Unabhängigkeit respektieren.

Halten Sie die Katze zunächst in einem separaten Raum. Statten Sie diesen mit einer Katzentoilette, einem Katzenbett, einer Wasserschüssel und Spielsachen aus. Verbringen Sie mehrmals täglich etwas Zeit in dem Raum. Setzen Sie sich einfach in die Nähe der Katze oder lesen Sie. Häufig hat es eine positive Wirkung, wenn Sie laut lesen. Nehmen Sie leckeres, stark duftendes Katzenfutter mit und versuchen Sie, die Katze von Hand zu füttern. Anfangs müssen Sie das Futter wahrscheinlich in der Nähe der Katze fallen lassen, aber allmählich sollte sie immer näher kommen und das Futter schließlich ganz aus Ihrer Hand fressen. Vermeiden Sie in dieser Phase einen direkten Augenkontakt.

Berühren Sie die Katze nicht, bevor Sie ganz entspannt aus Ihrer Hand frisst. Versuchen Sie dann allmählich, sie mit Papierschlangen, Schnüren oder einem beweglichen Stock zum Spielen aufzufordern. Die meisten Katzen reagieren innerhalb von zwei bis vier Wochen darauf. Sobald Sie die Katze streicheln können und diese sich in Ihrer Gegenwart rundum wohl fühlt, können Sie ihr den Zutritt zum restlichen Haus und schließlich auch zum Garten gewähren.

Versuchen Sie nicht, die Katze auf den Arm zu nehmen, bis sie absolutes Zutrauen zu Ihnen entwickelt hat. In der Regel ist es erst nach zirka drei Monaten so weit.

Wenn Ihre Katze Angst vor der Tierarztpraxis hat, sollten Sie regelmäßig mit ihr dorthin fahren und ihr die Gelegenheit geben, sich den Raum anzusehen und dort etwas zu fressen. Das Gleiche gilt für eine Katzenpension. Versuchen Sie stets, Ihre Katze schonend an eine ungewohnte Umgebung oder Erfahrung zu gewöhnen.

Die kauernde Haltung und die angelegten Ohren dieser Katze weisen auf eine Angstaggression hin.

Diese beiden Katzen verhalten sich aggressiv. Die linke Katze ist dabei dominanter – ihre Ohren sind weniger flach angelegt und sie hat eine aufrechtere Körperhaltung.

Territoriale Aggression

Katzen haben von Natur aus ein ausgeprägtes Territorialverhalten und verteidigen ihr Revier gegenüber Artgenossen. Dieses Verhalten lässt sich nicht verändern, aber Sie können die Wahrscheinlichkeit reduzieren, dass Ihre Katze in Revierkämpfe gerät, indem Sie sie nachts, in den frühen Morgenstunden sowie am späten Abend im Haus halten. Zu diesen Zeiten kommt es zu den häufigsten Auseinandersetzungen.

Aggression gegenüber anderen Katzen im gleichen Haushalt

Zwischen Katzen, die zusammen in einem Haushalt leben, kommt es häufig zu kleineren Streitigkeiten. In der Regel klären sie die Angelegenheit rasch untereinander.

Manche Katzen hängen sehr aneinander, putzen sich gegenseitig und teilen sich einen Schlafplatz. Es kommt aber auch vor, dass eine Katze sich stets extrem aggressiv gegenüber einer anderen verhält, weil sie ihr Territorium verteidigt. Manchmal handelt es sich auch um eine umgelenkte Aggression.

Was können Sie tun?

Wenn eine Katze sich gegenüber einer anderen anhaltend aggressiv verhält, sollte man die beiden in separaten Räumen halten und täglich tauschen, sodass jede Katze den Duft der anderen stets wahrnimmt. Gewöhnen Sie beide an eine Katzenbox und füttern Sie sie dort.

Nach einer Woche bringen Sie beide Katzen jeweils in ihrer Box zum Füttern in ein Zimmer. (Es sollte keins der Zimmer sein, in denen sie sich bisher aufgehalten haben.) Stellen Sie die Boxen möglichst weit entfernt voneinander auf. Sollte eine der beiden sich aggressiv verhalten, entfernen Sie sie aus dem Raum. Sobald die beiden es akzeptieren, zusammen in einem Zimmer zu sein, können Sie die Käfige Schritt für Schritt etwas näher zusammenstellen. Wenn die Katzen in einer Entfernung von zwei bis drei Metern in Ruhe fressen, können Sie sie außerhalb ihrer Käfige füttern. Wenn alles gut geht, legen Sie ihnen am besten ein Geschirr und eine Leine an. Setzen Sie sich mit ihnen in einen Raum und halten Sie sie etwas auf Distanz. Jede Aggression sollten Sie mit einer Hupe oder einem Strahl aus der Wasserpistole ahnden. Ruhiges Verhalten belohnen Sie. Vertragen sich die beiden Katzen, beginnen Sie mit beiden zu spielen. Schließlich können sie sich unter Ihrer Aufsicht frei im Raum bewegen. Auch jetzt sollten Sie aggressives Verhalten sofort ahnden. Mit der Zeit müsste es möglich sein, dass die beiden ehemaligen Streithähne zusammenleben, ohne sich ständig in die Haare zu bekommen.

Kätzchen lieben es, mit Wolle und Stoffen zu spielen, doch leider fressen manche die Materialien auch. Das kann zu Verdauungsproblemen führen und sollte verhindert werden.

Was können Sie bei einer umgelenkten Aggression zwischen zwei Katzen tun?

Umgelenkte Aggressionen kommen gegenüber Artgenossen genauso vor wie gegenüber Menschen (s. S. 73). Allerdings kann die angegriffene Katze ein extremes Angstverhalten gegenüber dem Aggressor entwickeln. Dies verstärkt das aggressive Verhalten des Angreifers zusätzlich. Generell sollten Sie so verfahren, wie es im letzten Abschnitt zum aggressiven Verhalten von Katzen untereinander beschrieben wurde. In schwierigen Fällen ist es ratsam, einen Tiertherapeuten zu Rate zu ziehen.

Die Katze frisst Stoffe

Diese Angewohnheit wird am häufigsten bei Siamkatzen beobachtet. Möglicherweise hat dies genetische Ursachen. Darüber hinaus bringt man dieses Verhalten mit einer frühen Entwöhnung in Verbindung, da es manchmal bei Kätzchen beobachtet wird, die zu früh von ihrer Mutter und ihren Geschwistern entfernt wurden. Auch traumatische Ereignisse wie ein Umzug können dazu führen, dass die Katze Stoffe oder andere Materialien frisst. Man hat sogar Katzen beobachtet, die Wollkleidung von den Nachbarn ihrer Besitzer stahlen, sie nach Hause schleiften und dort daran knabberten. Manchmal werden große Mengen vertilgt, was zu Magenproblemen und Verstopfung führen kann.

Vorbeugende Maßnahmen

Verstauen Sie alle Wollsachen außer Reichweite und ermuntern Sie die Katze, als Ersatz für die Kleidungsstücke oder Stoffe Pappkartons zu zerreißen. Sie können ihr auch Knochen oder Rohleder anbieten.

Manche Katzen lassen sich durch abschreckende Substanzen wie Chili ((!)) oder Pfeffer auf dem entsprechenden Material von ihrer Angewohnheit abbringen. Manchmal genügt es auch, einfach mehr Zeit mit der Katze zu verbringen und ausgiebig mit ihr zu spielen.

Manche Tierärzte sind der Meinung, dass die Katzen unter einer neuro-chemischen Anomalie leiden könnten, sodass Medikamente angezeigt sind.

Die Katze ist nicht stubenrein

Mit diesem Problem werden viele Katzenbesitzer konfrontiert. Es gibt verschiedene Ursachen dafür.

Jede Katze, die im Haus lebt, sollte Zugang zu einer sauberen Katzentoilette haben. Wenn sie stets im Haus ein- und ausgehen kann, wird sie vielleicht nie eins benötigen. Aber wenn das Wetter draußen kalt und nass ist oder die Katze aus irgendeinem Grund nicht gerne rausgehen möchte, ist es nützlich, wenn eine Katzentoilette bereitsteht. In Haushalten mit mehreren Katzen sollte jede eine eigene Katzentoilette haben, und es sollte noch eine zusätzliche vorhanden sein. Die Streu sollte täglich ausgetauscht werden, wenn die Katzentoilette benutzt wurde. Außerdem sollte sie so groß sein, dass die Katze sich darin umdrehen kann. Die Streu sollte zudem so tief sein, dass die Katze darin scharren kann.

Die Katze verrichtet ihr Geschäft in der Nähe der Katzentoilette

In der Regel passiert dies, wenn die Katze die Einstreu in der Katzentoilette nicht mag oder es ihr aus irgendwelchen Gründen unangenehm ist, diese zu benutzen.

Was können Sie tun?

Überprüfen Sie, ob keine andere Katze die Katzentoilette benutzt hat, denn die meisten Katzen teilen sie nicht gerne mit anderen. Zudem sollte sie sauber sein und frisch duften. Manche Katzen mögen auch den Geruch von parfümierter Streu nicht. Versuchen Sie es einfach einmal mit einem anderen Produkt. Wenn kein Problem erkennbar ist, sollten Sie die Katze von einem Tierarzt untersuchen lassen. Möglicherweise hat sie ein Blasen- oder Darmproblem, sodass sie die Benutzung der Katzentoilette mit Schmerzen in Verbindung bringt und sie daher meidet.

Wenn die Katze gesund ist, sollten Sie die Katzentoilette an einem anderen Ort aufstellen. Vielleicht wurde die Katze erschreckt, während sie diese benutzte, und verknüpft diese negative Erfahrung nun mit dem Ort, an dem sie steht. Wenn sich das Problem durch die genannten Maßnahmen nicht lösen lässt, sollten Sie einen Tiertherapeuten um Rat fragen.

Die Katze uriniert im Haus

Dies kann passieren, wenn

- sie eine Zystitis (Blasenentzündung) hat,
- sie eine Abneigung gegen die Katzenstreu hat,
- sie Angst hat, die Katzentoilette zu benutzen, da diese an einem unruhigen Ort steht und die Katze dort häufig gestört wird,
- eine andere Katze die Katzentoilette bereits benutzt hat oder jene verjagt, wenn sie sich diesem Ort nähert,
- sie damit einen Teil des Hauses als ihr Revier markiert.

Katzen, die Urin im Haus verspritzen, markieren damit entweder ihr Revier oder bringen dadurch eine gewisse Aggression zum Ausdruck, wenn sie sich nicht auf einen direkten Konflikt mit anderen Katzen einlassen wollen. In diesem Fall handelt es sich häufig um Katzen, die sehr ängstlich sind.

Was können Sie tun?

Lassen Sie die Katze von einem Tierarzt untersuchen. Wenn gesundheitlich alles in Ordnung ist, sollten Sie sie in einem leicht zu reinigenden Raum lassen, wenn Sie sie nicht beobachten können. Stellen Sie eine saubere Katzentoilette hinein. Wenn die Katze diese nicht benutzt, sollten Sie so vorgehen, wie unter dem Punkt „Die Katze verrichtet ihr Geschäft in der Nähe der Katzentoilette" beschrieben.

Benutzt sie die Katzentoilette, sollte sie allmählich wieder Zugang zu den anderen Hausbereichen bekommen. Dort sollten all die verunreinigten Stellen mit einem Reinigungsmittel auf Enzymbasis gesäubert worden sein. Lassen Sie die Katze nicht unbeaufsichtigt. Wenn sie versucht zu graben, sich hinzuhocken oder Urin zu spritzen, ahnden Sie dies sofort mit einer Hupe oder einer Wasserpistole. Schreien Sie die Katze dabei aber nicht an.

Manchmal markieren Katzen ihr Revier im Haus, wenn sich die sozialen Beziehungen unter den Katzen verändert haben, wenn Gäste mehrere Tage zu Besuch sind oder ein neuer Partner eingezogen ist. Wenn eine Katze beispielsweise auf das Fensterbrett uriniert oder spritzt, reagiert sie wahrscheinlich auf die Gegenwart einer fremden Katze außerhalb des Hauses. Dieses Problem kann manchmal schon durch das Herunterlassen der Rollos gelöst werden. Oder Sie lassen die Katze einfach nicht mehr in dieses Zimmer.

Wenn Sie das Gefühl haben, dass die Katze aufgrund von Veränderungen im Haushalt gestresst sein könnte, sollten Sie ihr besonders viel Aufmerksamkeit schenken.

Manchmal ist es allerdings schwierig, diese Probleme zu lösen, und die Hilfe eines Tiertherapeuten kann nötig sein.

Die Katze kotet im Haus

Katzen markieren ihr Revier unter anderem mit ihrem Kot, den sie mit einem Sekret aus den Analdrüsen versehen. Es enthält Informationen über die Katze, die sie auf diese Weise anderen Katzen übermittelt, die am Kot schnuppern. Wenn es zu Streitigkeiten unter Katzen kommt, ist es nicht ungewöhnlich, dass Kot im Haus hinterlassen wird. Aber auch eine Abneigung gegen eine bestimmte Katzenstreu sowie Krankheit oder eine mangelnde Erziehung zur Stubenreinheit können dazu führen.

Was können Sie tun?

Gehen Sie auf die gleiche Weise vor, wie unter dem Punkt „Die Katze uriniert im Haus" beschrieben.

Die Katzentoilette sollte stets sauber und groß genug sein sowie an einem ungestörten Platz stehen.

Jagen

Katzen sind von Natur aus Jäger. Zu ihrer Beute gehören Vögel, kleine Nagetiere und Eidechsen. Für viele Besitzer ist es unakzeptabel, wenn ihre Katze jagt. Warnhalsbänder geben eine Serie von akustischen Signalen ab, wenn die Katze einen plötzlichen Sprung macht. Allerdings sind sie nicht immer wirksam.

Füttert man eine Katze gut, bevor man sie hinauslässt, kann das ihre Beutezüge vermindern, aber viele Katzen jagen dennoch. Sie fressen ihre Beute dann lediglich nicht mehr.

Was können Sie tun?

Da die meisten Katzen früh am Morgen, am Abend oder in der Nacht jagen, können Sie dieses Verhalten stark einschränken, wenn die Katze zu diesen Zeiten nicht hinausdarf. Die einzige Möglichkeit, sie völlig davon abzuhalten, besteht darin, sie ausschließlich im Haus zu halten. Katzen können sich an diesen Lebensstil gewöhnen, benötigen dann aber viel Abwechslung durch Spiele und Gesellschaft.

Man kann das Jagdverhalten auch durch ein Glöckchen am Halsband der Katze reduzieren. Zudem kann man sie mit einer Hupe oder Wasserpistole erschrecken, wenn man sie beim Anschleichen ertappt. Allerdings lernen viele Katzen schnell, sich trotz eines Glöckchens geräuschlos anzuschleichen, und die Abschreckungstaktik hilft nur im unmittelbaren Umkreis des Hauses. In anderen Gebieten, in denen sie unbeobachtet ist, wird die Katze weiterhin auf die Jagd gehen.

Die Katze springt auf hohe Ablagen und Regale

Katzen lieben es, erhöhte Plätze zu erklimmen, um von dort aus die Umgebung zu beobachten. Das gehört zu ihrem normalen Verhalten, aber nicht alle Besitzer sind begeistert, wenn ihre Katze auf Esstische, Kühlschränke oder Regale springt.

Was können Sie tun?

Sie können Ihrer Katze beibringen, bestimmte Plätze zu meiden. Spritzen Sie sie mit einer Wasserpistole an oder erschrecken Sie sie mit einem lauten Geräusch, wenn sie irgendwo hochspringt. Sie können die Oberfläche auch mit einer klebrigen (ungiftigen!) Substanz wie zum Beispiel Honig behandeln. Dies wirkt möglicherweise ebenfalls abschreckend.

Katzen sind von Natur aus Jäger, daher sollte man ihren Jagdinstinkt nicht mit menschlichen moralischen Maßstäben bewerten.

Vorbeugende Maßnahmen

- Erziehen Sie Ihre Katze von klein auf dazu, hohe Ablagen zu meiden.
- Sie sollten Ihre Katze nicht in Versuchung bringen und ihr Futter daher nicht auf einer Küchenanrichte zubereiten, während sie sehnsüchtig vom Boden aus heraufblickt. Tun Sie dies, während die Katze draußen oder in einem anderen Zimmer ist, und stellen Sie ihr Futter an ihren Fressplatz, bevor sie zurück ist.
- Bieten Sie Ihrer Katze einen anderen erhöhten Platz an, beispielsweise einen Kratzbaum. Dort kann auch ein Katzenbett untergebracht sein, von dem sie ihre Welt überblicken kann.

Katzen sind neugierige Tiere und lieben es, Tische und Ablagen zu erkunden, vor allem, wenn sie wissen, dass es dort etwas zu fressen gibt.

Die Katze zerkratzt die Möbel

Katzen markieren ihre Umgebung, indem sie Kratzspuren hinterlassen (s. S. 36). Diese Markierungen sind ein sichtbares Zeichen für andere Katzen. Zudem hinterlässt die Katze beim Kratzen Duftspuren aus Drüsen, die sich an ihren Pfoten befinden. Auf diese Weise gibt sie anderen Katzen zu erkennen, dass sie das Revier beherrscht. Beliebte Orte für Kratzmarkierungen sind zum Beispiel Gegenstände mit vertikalen Holzoberflächen. Draußen dienen Bäume und Zaunpfosten oft diesem Zweck. Im Haus bieten sich dafür häufig die Möbel an.

Was können Sie tun?

Stellen Sie einen Kratzbaum in der Nähe des Schlafplatzes der Katze auf, da diese sich gerne kurz nach dem Aufwachen die Krallen schärfen wird.

Kratzbäume sind in verschiedenen Formen und Materialien im Handel erhältlich. Viele Katzen mögen gerne hölzerne und mit Teppich beklebte Kratzbäume.

Wenn Ihre Katze weiterhin die Möbel zerkratzt, sollten Sie ihr mithilfe einer Wasserpistole oder einer Hupe vermitteln, dass bestimmte Gegenstände für sie tabu sind. Alternativ dazu können Sie natürlich auch die Möbel schützen, um den Schaden zu reduzieren. Die Krallen von Katzen können ebenso gekürzt werden wie die Krallen von Hunden, und wenn man das regelmäßig von klein auf macht, akzeptieren die meisten Katzen diesen Vorgang auch. Lassen Sie sich von Ihrem Tierarzt zeigen, wie man es richtig macht. Die Krallen müssen alle vier bis sechs Wochen geschnitten werden. Stattdessen können Sie aber auch Plastikhüllen an den Krallen festkleben. Diese werden ähnlich befestigt wie falsche Fingernägel.

Katzen kratzen zwar vorwiegend an vertikalen Flächen, aber manchmal nehmen sie auch mit horizontalen Bereichen vorlieb.

Jaulen und Miauen

Manche Katzen bringen ihre Gefühle lautstark zum Ausdruck und scheinen unaufhörlich etwas zu „erzählen". Dabei neigen die orientalischen Rassen eher dazu als andere. Sie können sehr anhänglich sein und viel Gesellschaft benötigen.

Nicht sterilisierte Katzen jaulen und heulen, wenn sie rollig sind, und unkastrierte Kater miauen auf eine bestimmte Weise, wenn sie nach einer Partnerin suchen.

Wenn eine Katze übermäßig miaut oder dieses Verhalten plötzlich auftritt, können gesundheitliche Probleme wie zum Beispiel eine Schilddrüsenüberfunktion oder, bei einer älteren Katze, kognitive Störungen oder „Katzenalzheimer" vorliegen. Ist die Katze gesund, kann übermäßiges Miauen auch ein Zeichen von Ängstlichkeit sein. Jault die Katze, wenn sie ihren Besitzer nicht sieht, ist in seiner Gegenwart aber ruhig, könnte sie unter Trennungsangst leiden (s. rechte Seite).

Was können Sie tun?

War die Katze früher ruhig, sollten Sie mit ihr zum Tierarzt fahren und sie gründlich untersuchen lassen.

Wenn gesundheitlich alles in Ordnung ist, sollten Sie überlegen, ob es im Leben Ihrer Katze oder in ihrem unmittelbaren Umfeld zu irgendwelchen größeren Veränderungen gekommen ist, die sie möglicherweise verwirren oder verunsichern könnten.

Wenn Ihre Katze miaut und sich an Ihnen reibt, während Sie da sind, aber in Ihrer Abwesenheit ruhig ist, wünscht sie sich Aufmerksamkeit. Versuchen Sie, jeden Tag Zeit mit ihr zu verbringen und ihr ungeteilte Aufmerksamkeit zu schenken. Geben Sie ihr Leckerlis und spielen Sie mit ihr. Wenn die Katze jault oder miaut, sollten Sie nicht darauf eingehen. Ignorieren Sie es und streicheln Sie die Katze lobend, wenn sie schließlich ruhig ist. Stellen Sie ihr genügend Spielzeug zur Verfügung, damit sie interessante Dinge hat, mit denen sie sich in Ihrer Abwesenheit beschäftigen kann.

Wenn all diese Maßnahmen nichts bringen, sollten Sie einen Tiertherapeuten um Rat fragen.

Vorbeugende Maßnahmen

- Sorgen Sie dafür, dass immer genügend frisches Futter zur Verfügung steht. Häufig ist ein automatischer Futterspender ideal.
- Bringen Sie eine Katzentür an, damit Ihre Katze nicht betteln muss, um hereingelassen zu werden.
- Gehen Sie nicht zu Ihrer Katze, wenn sie miaut.
- Nehmen Sie sich Zeit dafür, mit Ihrer Katze zu spielen und mit ihr zusammen zu sein.
- Wenn Sie sehr wenig Zeit haben, sollten Sie darüber nachdenken, zwei Katzen zu halten, damit diese sich gegenseitig Gesellschaft leisten können. Besser, als zu einem späteren Zeitpunkt eine neue Katze in einen Haushalt einzuführen, ist es, wenn zwei Kätzchen gleichzeitig bei Ihnen einziehen.

Trennungsangst

Katzen können so anhänglich werden, dass sie unglücklich sind, wenn ihr Besitzer nicht da ist, und schon miauen, wenn er den Raum verlässt.

Was können Sie tun?

- Ermuntern Sie die Katze dazu, auch die Nähe zu anderen Familienmitgliedern zu suchen.
- Wenn die Katze alleine bleiben muss, sollte sie genügend interessante Anregungen wie neue Spielsachen oder Kauknochen in ihrer Umgebung haben.
- Gehen Sie nicht darauf ein, wenn Ihre Katze ständig Ihre Aufmerksamkeit fordert. Sie selbst sollten entscheiden, wann Sie Ihre Katze streicheln möchten.

Vorbeugende Maßnahmen

- Achten Sie darauf, dass alle Familienmitglieder sich mit der Katze beschäftigen und eine Beziehung zu ihr entwickeln.
- Sie sollten bestimmen, wann Sie Ihrer Katze Ihre Aufmerksamkeit schenken, nicht umgekehrt.

Manche Katzen hängen sehr an ihren Besitzern und fühlen sich einsam, selbst wenn sie nur für kurze Zeit alleine gelassen werden.

Zucht und Fortpflanzung

Ein neues Familienmitglied

Kätzchen sind entzückend, aber bevor Sie sich dafür entscheiden, Ihre Mischlingskatze Junge bekommen zu lassen, sollten Sie überlegen, ob Sie auch ein gutes Zuhause für alle Kätzchen finden werden.

Kleine Mischlingskätzchen sind so entzückend wie reinrassige Kätzchen, aber es ist schwerer, ein Zuhause für sie zu finden.

Es gibt keinen Beleg dafür, dass es für eine Katze psychologische oder physische Vorteile hat, wenn sie einen Wurf Junge bekommt. Daher muss man nicht das Gefühl haben, ihr etwas vorzuenthalten, wenn man sie im Alter von sechs Monaten sterilisieren lässt. In der Regel ist es nicht schwer, für Kätzchen, die reinrassige Eltern haben, ein Zuhause zu finden. Sie können auch den Züchter Ihrer Katze oder des Zuchtkaters fragen, ob er Leute kennt, die auf Kätzchen dieser Rasse warten.

Katzen nehmen ihre Mutterpflichten sehr ernst und umsorgen ihre Jungen überaus fürsorglich.

Eine typische Paarungsszene. Der Kater hält dabei den Nacken des Weibchens mit seinem Maul fest. Nach der Paarung faucht dieses ihn häufig an.

Wenn Sie sich für einen Wurf Junge entscheiden, sollte Ihre Katze diese idealerweise erst ab einem Alter von einem Jahr bekommen. Katzen können zwar schon mit sechs Monaten trächtig werden, aber es ist besser, wenn sie selbst ausgewachsen sind.

Wenn Ihre Katze zum ersten Mal rollig wird, verändert sich ihr Verhalten deutlich. Sie werden feststellen, dass sie besonders zutraulich wird, auf dem Boden herumrollt und auf eine Weise miaut, wie Sie es bisher noch nie bei ihr gehört haben. Wenn Sie ihr kräftig über den Rücken streichen, wird sie ihr Hinterteil nach oben strecken und mit den Hinterbeinen treten.

Falls Sie keine Rassekatze haben, müssen Sie nichts weiter tun, als Ihre Katze einfach nach draußen zu lassen, sobald sie rollig ist. Dann wird ein umherstreunender Kater sie schnell finden. Bevor Ihre Katze hinausdarf, sollte sie allerdings geimpft, entwurmt und gegen Flöhe behandelt worden sein.

Der Eisprung von Katzen wird durch die Paarung ausgelöst. Da diese sich während ihrer Rolligkeit häufig mit mehreren Katern paaren, können sie in einem Wurf Kätzchen von unterschiedlichen Vätern bekommen. Nachdem es zur Paarung gekommen ist, verschwinden die Anzeichen der Rolligkeit.

Wenn Sie eine reinrassige Katze haben, müssen Sie diese im Haus halten, da zahlreiche Kater aus der nahen und weiteren Umgebung Ihr Haus belagern und miteinander kämpfen werden. Ihre Katze wird gegen Ende des Winters alle drei Wochen rollig werden, bis sie sich gepaart hat.

Um einen geeigneten Partner auszuwählen, können Sie sich an Ihren Züchter oder einen Katzenverein wenden. Sehen Sie sich den potenziellen Vater nach Möglichkeit an, bevor Sie Ihre Katze zu ihm bringen. Achten Sie darauf, dass der Züchter eingetragen ist und die Gesundheit sowie die Impfungen des Katers schriftlich bestätigt sind. Üblicherweise werden die weiblichen Katzen zum Kater gebracht, da dieser in einer ungewohnten

Umgebung zu sehr abgelenkt sein könnte und manche Katzen einen Kater attackieren, der plötzlich in ihrem Revier auftaucht.

Die Trächtigkeit dauert 56 bis 63 Tage. In dieser Zeit sollte die Katze qualitativ hochwertiges Futter erhalten. Im Handel sind spezielle Futtersorten für trächtige und säugende Katzen erhältlich. Wenn Sie das Futter selbst zubereiten, müssen Sie darauf achten, dass Ihre Katze genügend Kalzium erhält. Lassen Sie sich diesbezüglich von Ihrem Tierarzt beraten. Ihre Katze sollte außerdem monatlich entwurmt und mit einem Mittel gegen Flöhe behandelt werden, das den kleinen Kätzchen nicht schadet. (Auch hier sollten Sie Ihren Tierarzt um Rat fragen.)

Gewöhnen Sie Ihre Katze während ihrer Trächtigkeit an einen Platz, an dem sie ihre Jungen bekommen soll. Das kann eine Kiste oder ein Korb sein, der in einem Zimmer steht, oder auch ein Kleiderschrank. Ihre Katze braucht einen Platz, an dem sie sich sicher und geborgen fühlt. Zudem sollte er warm und gut zu reinigen sein. Es ist hilfreich, wenn die Katze während ihrer Trächtigkeit dort schläft.

Die Geburt

Zirka zwölf Stunden vor der Geburt wird Ihre Katze unruhig und nervös werden. Möglicherweise frisst sie weniger als sonst, miaut viel und sucht die Nähe der Menschen. Ermuntern Sie sie dazu, an dem für die Geburt vorgesehenen Platz zu bleiben. Setzen Sie sich etwas zu ihr, wenn Sie Zeit haben. Das hilft ihr vielleicht dabei, sich zu entspannen.

Wenn die Wehen beginnen, möchten die meisten Katzen am liebsten alleine sein. Sehen Sie alle 20 Minuten nach Ihrer Katze oder bleiben Sie im Raum, wenn Sie merken, dass es ihr nicht unangenehm ist. Manche Katzen, vor allem orientalische Typen, können während der Wehen panisch reagieren und ihre Kätzchen im Stich lassen. Manchmal müssen sie sediert werden, daher sollten Sie in einem solchen Fall Ihren Tierarzt benachrichtigen.

Trächtige Katzen bleiben in der Regel aktiv und verspielt, bis die Geburt der Jungen kurz bevorsteht.

Die Kätzchen kommen in unterschiedlich großen Abständen zur Welt. In der Regel vergehen 30 bis 60 Minuten. Manchmal können aber auch einige Stunden dazwischen liegen. Wenn die Mutter länger als 20 Minuten Wehen hat, aber noch kein Kätzchen zur Welt gekommen ist, sollten Sie sofort den Tierarzt rufen.

Katzen sind wunderbare Mütter. Sie lecken ihre Kätzchen sofort ab und fressen die Plazenta (Nachgeburt). Falls Ihre Katze ihre Jungen nicht unmittelbar nach der Geburt säubert, müssen Sie das tun. Entfernen Sie mit sauberen Händen die Membran um das Mäulchen der Kätzchen und rubbeln Sie mit einem rauen Handtuch ihren Körper trocken. Wenn man ein neugeborenes Kätzchen mit dem Kopf nach unten hält, werden die Atemwege besser von Flüssigkeiten befreit.

Die Jungen sollten innerhalb von 10 bis 20 Minuten bei ihrer Mutter trinken. Wenn ein Kätzchen Schwierigkeiten damit hat, sollte es vom Tierarzt untersucht werden. Für die Mutterkatze sollten stets Futter und Wasser bereitstehen, während sie ihre Jungen säugt.

Die Kätzchen können ab einem Alter von zwei bis drei Wochen feste Nahrung zu sich zu nehmen. Am besten geben Sie ihnen im Handel erhältliches Kätzchenfutter. Stellen Sie zwei Katzentoiletten auf und säubern Sie diese regelmäßig. Die Kätzchen werden sie mit drei bis vier Wochen von selbst benutzen. Bis dahin hält die Mutter ihre Jungen und auch das Nest sauber.

Bis sie drei Monate alt sind, sollten die Kätzchen alle zwei Wochen entwurmt werden (die Mutter einmal monatlich). Eine Flohbehandlung der Kätzchen ist bis zu ihrer Entwöhnung nicht nötig. Bei der Mutter sollte sie mit Mitteln fortgesetzt werden, die für ihre Jungen ungefährlich sind.

Die Geburt. Die Kätzchen kommen zur Welt – die Mutter frisst die Nachgeburt und säugt ihre Jungen.

Es ist wichtig, dass die Kätzchen im Alter zwischen zwei und sieben Wochen Kontakt zu Menschen haben, da sie sonst verängstigt oder aggressiv reagieren werden. Je mehr sie mit neuen, nichtbedrohlichen Impulsen in Berührung kommen, desto leichter werden sie sich in einem neuen Zuhause eingewöhnen.

Die Entwicklung eines Kätzchens

Ein neugeborenes Kätzchen kann weder sehen noch hören, aber es hat einen ausgeprägten Geruchssinn.

Nach zirka einer Woche öffnen sich die Augen des Kätzchens und sein Gehör entwickelt sich.

Mit drei Wochen beginnt das Kätzchen zu laufen und erkundet seine Umgebung.

Das sechswöchige Kätzchen ist schon ziemlich selbstständig.

Ein Bild Ihres Haustiers ist eine wunderbare Erinnerung an die Zeit, die Sie gemeinsam mit ihm verbracht haben.

Die ältere Katze

Ein schöner Ruhestand

In den letzten Jahrzehnten hat sich die durchschnittliche Lebenserwartung von Katzen, die bei Menschen leben, um mindestens zwei Jahre verlängert. Dies liegt vorwiegend an einer besseren Ernährung und der guten medizinischen Versorgung. Daher gibt es eine größere Anzahl älterer Katzen, die – wie auch ältere Menschen – eine besondere Betreuung benötigen.

Alterserscheinungen

Mit zunehmendem Alter geht eine allmähliche gesundheitliche Verschlechterung einher. Diesen Alterungsprozess kann man zwar nicht stoppen, aber man kann die Auswirkungen minimieren. Achten Sie daher auf Alterserscheinungen und lassen Sie Ihrer Katze die Betreuung zukommen, die sie verdient.

Veränderung des Fells und der Krallen

Die meisten Katzen bekommen nicht viele graue Haare, wenn sie älter werden, aber durch den Alterungsprozess wird ihr Fell länger, sogar bei Kurzhaarrassen. Da die Gelenke unbeweglicher werden und die Katzen sich daher nicht mehr so gut putzen können, verfilzt ihr Fell leichter. Die Krallen wachsen schneller, weshalb sie häufiger gestutzt werden müssen.

Tiefer Schlaf

Ein tieferer und längerer Schlaf ist ein weiteres Anzeichen dafür, dass eine Katze älter wird. Alte Katzen erschrecken leichter, wenn sie plötzlich geweckt werden, und könnten fauchen oder spucken, wenn Sie sie sanft berühren oder streicheln und sie dabei unvermutet aufwecken.

- Lassen Sie eine ältere Katze in Ruhe an Plätzen ihrer Wahl schlafen, sodass sie ungestört entspannen kann.
- Weisen Sie auch die Kinder in Ihrem Haushalt an, die Katze nicht zu stören oder zu erschrecken.
- Halten Sie andere Haustiere möglichst fern.

Ältere Katzen benötigen eine besondere Pflege und genießen es, wenn sie regelmäßig gebürstet werden.

Das Fell einer Katze kann sich altersbedingt verfärben. Manchmal ist dies aber auch ein Hinweis auf einen schlechten Gesundheitszustand.

Veränderung der Fressgewohnheiten

Eine alte Katze kann weniger Appetit sowie Schwierigkeiten beim Fressen oder auch beim Trinken haben. Diese Symptome hängen häufig mit einer Zahnfleischentzündung (Gingivitis), Zahnsteinbildung oder schlechten Zähnen zusammen, die bei älteren Katzen häufig vorkommen.

Alte Katzen haben oft auch mehr Durst als junge. Das kann ein Zeichen für eine Nierenerkrankung oder andere gesundheitliche Probleme sein.

Eine Ernährungsumstellung ist bei alten Katzen häufig ratsam. So sollte man ihnen Futter geben, das leichter verdaulich ist. Viele Tierärzte empfehlen eine Ernährungszusammenstellung, die weniger Proteine enthält, um die Nieren zu entlasten. Allerdings gibt es zu diesem Punkt keine einhellige Meinung unter den Tierärzten.

In jedem Fall sollte man eine Katze im fortgeschrittenen Alter regelmäßig untersuchen lassen und dabei auch die Blutwerte prüfen, um Aufschluss über die Nieren- und Leberfunktionen zu erhalten.

Gewichtsverlust

Zu einem Gewichtsverlust kann es aufgrund einer Schilddrüsenüberfunktion kommen, daher sollte man es nicht einfach als Alterserscheinung hinnehmen, wenn die Katze an Gewicht verliert.

Verdauungsprobleme

Wenn eine Katze Zahnprobleme hat, fällt es ihr möglicherweise schwer, richtig zu kauen, sodass auch ihr Verdauungssystem nicht mehr so gut funktioniert. Symptome dafür sind das Erbrechen von Futter oder gelb-grünlichem Speichel, Durchfall und Verstopfung.

Die folgenden Maßnahmen können die Symptome verbessern:

- Füttern Sie drei bis vier Mahlzeiten am Tag (so wie bei Kätzchen).
- Geben Sie einen größeren Anteil Nassfutter ins Fressen.
- Geben Sie Ihrer Katze Produkte, die leicht verdauliches Protein enthalten (zum Beispiel leicht gekochtes Eigelb).
- Sprechen Sie die Ernährung der Katze mit Ihrem Tierarzt ab.

Arthritis und Osteoarthritis

Erste Anzeichen dafür sind eine gewisse Steifheit und Unbeweglichkeit beim Aufstehen. Dies bessert sich im Tagesverlauf, wenn die Gelenke und Muskeln der Katze warm werden. In extremeren Fällen hat die Katze Schwierigkeiten zu gehen, die Hinterbeine sind schwach, sie lahmt und hat Schmerzen.

Sobald Sie diese Symptome bemerken, sollten Sie sich von Ihrem Tierarzt über mögliche Maßnahmen beraten lassen.

Dazu gehören unter anderen:

- die Gabe entzündungshemmender Medikamente, die als langfristige Anwendung täglich in Tablettenform verabreicht werden,
- Medikamente zur Förderung der Produktion von Gelenksflüssigkeit,
- verschiedene homöopathische und natürliche Mittel wie zum Beispiel Muschelextrakt oder Kräuter.

Manche Katzen sind im Alter noch erstaunlich fit und gesund. Diese Katze ist bereits weit über 20 Jahre alt und hat noch eine ausgezeichnete Lebensqualität.

Blasenschwäche

Eine sehr alte oder arthritische Katze muss ihre Blase häufiger entleeren. Sie geht dann häufiger nach draußen oder auf ihre Katzentoilette. In einem späteren Stadium kann sie die Kontrolle über ihre Blase etwas verlieren (Blaseninkontinenz), sodass sie kleinere Urinmengen an Orten hinterlässt, an denen sie sitzt, liegt oder schläft. Sorgen Sie dafür, dass stets eine saubere Katzentoilette im Haus vorhanden ist.

Verstopfung

Bei einer alten Katze sind Verstopfungen wahrscheinlicher als bei einer jungen. Zudem kann eine Arthritis dazu führen, dass die Katze keine normale Haltung einnehmen kann, wenn sie ihr Geschäft verrichtet. Da Katzen dies in der Regel draußen tun, bemerken Sie diese Veränderungen möglicherweise zunächst nicht. Daher sollten Sie Ihre Katze im Alter genau beobachten.

Wenn Verstopfungen auftreten, sollten Sie mit Ihrem Tierarzt über geeignete Maßnahmen sprechen. Manchmal mischt man dem Futter eine kleine Menge Paraffin bei oder man gibt der Katze ein Spezialfutter.

Zunehmende Schwerhörigkeit

Anfangs bemerkt man sie nicht, da die Schwerhörigkeit sich langsam entwickelt und viele Katzen lernen, sie gut auszugleichen. Eines der ersten Anzeichen könnte sein, dass die Katze nicht mehr wie sonst auf Ihr Rufen reagiert. Wenn sich das Gehör verschlechtert, ist die Katze unter anderem stärker durch Fahrzeuge gefährdet, die sich auf Ihrem Grundstück oder einer Straße nähern.

Ältere Katzen mögen es besonders kuschlig und warm, da sie einen großen Teil des Tages schlafen.

Zunehmende Beeinträchtigung des Sehvermögens

Hier gelten die gleichen Prinzipien wie in einem Haushalt, in dem ein blinder Mensch wohnt. Stellen Sie Möbel nach Möglichkeit nicht um und schützen Sie Ihre Katze vor Gefahren. Eine teilweise oder gänzlich blinde Katze kann in der Regel ein zufriedenes Leben führen, solange sie sich sicher fühlt und ungestört in ihrer vertrauten Umgebung aufhalten kann.

Anhand der folgenden Anzeichen können Sie ein schlechtes Sehvermögen einer Katze erkennen:

- Der Augapfel hat eine bläuliche Farbe (die Corona ist betroffen).
- Das Auge sieht im Zentrum weiß aus (dies deutet auf einen grauen Star hin).
- Die Katze beginnt, gegen Gegenstände zu stoßen, zum Beispiel Möbelstücke.
- Sie geht nachts und bei hellem Sonnenlicht nicht mehr gern nach draußen.

Senilität

Anzeichen für Senilität sind

- Desorientiertheit
- Unruhe
- Fordern von mehr Aufmerksamkeit
- Häufigeres Miauen

Wie ältere Menschen, so haben auch alte Katzen gute und schlechte Tage. Als Besitzer werden Sie sich darauf einstellen müssen. Am besten ist es, wenn Sie Ihrer Katze tolerant und verständnisvoll begegnen.

Für eine ältere Katze sorgen

Sie können das Leben einer älteren Katze angenehmer für sie gestalten, wenn Sie die folgenden Punkte beachten:

- Legen Sie bequeme Decken oder Teppiche an ihre Lieblingsplätze. Diese sollten nicht der prallen Sonne ausgesetzt und nicht feucht sein.
- Sichern Sie Orte, von denen die Katze herunterfallen könnte, wie Treppen oder Sonnenterrassen.
- Wenn die Katze sich nicht mehr so richtig für ihr Futter interessiert, sollten Sie es leicht anwärmen oder ihr etwas Schmackhafteres geben.
- Stimmen Sie die Futtermenge auf die Aktivität der Katze ab. Wenn sie sich weniger bewegt, kann sie zunehmen, sodass sie anfälliger für Herzerkrankungen wird. Fragen Sie Ihren Tierarzt nach speziellen Futtersorten für ältere Katzen.
- Beobachten Sie, wie viel Wasser die Katze trinkt. Wenn die Menge zunimmt, sollten Sie mit Ihrem Tierarzt sprechen.
- Lassen Sie die Gesundheit der Katze regelmäßig untersuchen und sorgen Sie für regelmäßige Impfungen.
- Wenn Sie längere Zeit von zu Hause fort sind, sollten Sie versuchen, einen Katzensitter zu engagieren oder die Katze privat unterzubringen, anstatt sie in eine Pension umzusiedeln.

Über eine neue Katze nachdenken

Wenn Ihre Katze älter wird, entscheiden Sie sich vielleicht dafür, eine weitere Katze oder ein Kätzchen in Ihren Haushalt aufzunehmen. Sie werden etwas Zeit benötigen, um die beiden Tiere aneinander zu gewöhnen und Aggressionen zwischen ihnen zu vermeiden, aber auf diese Weise entsteht ein Übergangsstadium, das Ihnen helfen kann, mit dem bevorstehenden Verlust eines alten Gefährten fertig zu werden, da Sie sich auch auf die Bedürfnisse der neuen Katze einstellen müssen.

Möglicherweise entscheiden Sie sich aber auch, mit der Anschaffung einer neuen Katze zu warten, da Sie sich ganz auf Ihre alte Katze konzentrieren möchten.

Es ist wichtig, alle Familienmitglieder in Euthanasieentscheidungen mit einzubeziehen und ihnen die Zeit zu geben, sich von der Katze zu verabschieden.

Wenn Sie sich unsicher sind, was Sie tun sollen, können Sie auch mit Ihrem Tierarzt über dieses Thema sprechen. Das Personal in der Tierarztpraxis hat ebenfalls viel Erfahrung mit Besitzern, die in der gleichen schwierigen Situation waren wie Sie, und kann Ihnen sicher gute Ratschläge geben. Sollten Sie sich für eine neue Katze entscheiden, müssen Sie überlegen, ob es eine Mischlings- oder Rassekatze sein soll. In jedem Fall werden Sie und Ihre alte Katze sich auf den neuen Mitbewohner einstellen müssen.

Die letzten Tage

Diese Zeit kann zwar zur schwierigsten Phase in der Beziehung zu Ihrer Katze werden, aber sie kann auch sehr wertvoll sein. Sie haben nun die Gelegenheit, Ihrer Katze etwas für ihre Kameradschaft und Gesellschaft in all den schönen Jahren zurückzugeben, die Sie gemeinsam verbringen konnten. Wenn Sie wissen, was in den verbleibenden Tagen auf Sie zukommt, werden Sie auch die innere Kraft haben, mit der Situation fertig zu werden.

Mit zunehmender Schwäche wird Ihre Katze immer abhängiger von Ihnen werden. Daher werden Sie mehr Zeit für ihre Betreuung aufbringen müssen.

Wenn der Geruchssinn sich verschlechtert, kann die Katze das Aroma ihres Futters nicht mehr so gut wahrnehmen und wird daher wählerischer werden, wenn es um ihr Fressen geht. Sprechen Sie mit Ihrem Tierarzt über dieses Problem und versuchen Sie herauszufinden, was Ihre Katze am liebsten frisst. Wenn die Katze ihre Blase und ihren Darm nicht mehr so gut kontrollieren kann, ist es möglich, dass es zu „Unfällen" kommt, die Sie beseitigen müssen. Auch der Schlafplatz der Katze muss unter Umständen häufig gesäubert werden.

Zunehmende Schwerhörigkeit und Blindheit erschweren das Leben für Sie beide. Ihre Katze findet sich möglicherweise schlechter zurecht und fordert Tag und Nacht mehr Aufmerksamkeit von Ihnen.

Schenken Sie ihr diese Aufmerksamkeit. Ein liebevoller körperlicher Kontakt ist sehr wichtig, daher sollten Sie viel Zeit damit verbringen, Ihre Katze sanft zu streicheln und zu knuddeln, damit sie weiß, dass Sie da sind, und spürt, dass Sie sich um sie kümmern. Eine Katze, die alt ist oder im Sterben liegt, schnurrt manchmal viel mehr als zuvor. Dafür gibt es bisher keine schlüssige Erklärung, aber für die Besitzer hat es häufig etwas Beruhigendes.

Die Entscheidung fällen

Manchmal wird Ihnen die letzte Entscheidung abgenommen, wenn die Katze plötzlich eines natürlichen Todes stirbt.

In den meisten Fällen werden Sie sich jedoch für die Euthanasie entscheiden müssen. Vielleicht fällt es Ihnen persönlich nicht so schwer, aber viele Menschen empfinden es als sehr schwierig. Wir sehen den Tod von Menschen und Tieren jedes Jahr hundertfach im Fernsehen, auf Videos und in Filmen, aber die meisten von uns sind in einer Gesellschaft aufgewachsen, die nicht besonders gut mit dem Tod umgehen kann und im realen Leben nicht darauf vorbereitet ist. Wenn Sie Kinder haben, sollten Sie die Situation mit ihnen besprechen und ihnen die Möglichkeit geben, ihre Gefühle und Ansichten zum Ausdruck zu bringen. Sprechen Sie über all die positiven Dinge, die Ihre Katze Ihnen geschenkt hat, und erklären Sie Ihren Kindern, dass Katzen, egal, wie gut die medizinische Betreuung in ihrem Leben auch sein mag, eine viel kürzere Lebenserwartung haben als wir Menschen.

Bei Ihrer Entscheidung sollten Sie sich von dem Gedanken leiten lassen, was das Beste für Ihre Katze ist. Bei der Einschätzung der Situation kann Ihnen Ihr Tierarzt helfen, der eine wichtige beratende Funktion hat. Er versteht, was Sie durchmachen, und weiß auch, dass er das Leid Ihrer Katze auf eine humane Weise beenden kann.

Der Trauerprozess

Die Trauer ist eine natürliche menschliche Reaktion auf den Velust eines geliebten Tieres und man sollte die Möglichkeit haben, sie zum Ausdruck zu bringen. Es gibt fünf Phasen der Trauer, die Sie wahrscheinlich in der einen oder anderen Form durchmachen werden.

1. Verleugnung und Depression. Wenn Sie mit der Tatsache konfrontiert werden, dass das Leben Ihrer Katze zu Ende geht, werden Sie wahrscheinlich sehr traurig sein. Häufig bleibt dieses Gefühl auch auf einer unterbewussten Ebene. Vielleicht sagen Sie zu sich selbst „Es ist alles nicht so schlimm" oder „Man muss doch etwas dagegen tun können". Diese Reaktion schützt Sie vor dem emotionalen Schlag, dem Sie im Moment ausgesetzt sind.
2. Verhandlungsversuche. Im Trauerprozess bedeutet dies, dass man ein persönliches Opfer anbietet, wenn das geliebte Wesen verschont bleibt. Vielleicht sagen Sie Dinge zu sich selbst wie „Wenn du wieder gesund wirst, verspreche ich, dass du auf meinem Bett schlafen darfst".
3. Schmerz und Wut. Ihr emotionaler Schmerz und das Gefühl der Frustration erzeugen Wut. Diese kann sich gegen jemand anderen, zum Beispiel ein Familienmitglied oder den Tierarzt, aber auch gegen Sie selbst richten und als Schuldgefühl zum Ausdruck kommen. In dieser Phase kann die Unterstützung des Tierarztes besonders wichtig sein, da negative Gefühle nicht konstruktiv sind und durch positive Gedanken ersetzt werden sollten.
4. Trauer. In dieser Phase sind Wut und Schuldgefühle verschwunden. Ihre Katze ist gestorben und alles, was bleibt, ist ein Gefühl der Leere. Je weniger Unterstützung Sie in diesem Stadium bekommen, desto länger wird dieses Gefühl bleiben. Menschen, die keine Tiere haben, verstehen häufig nicht, was man bei einem Verlust durchmacht, und in vielen Fällen ist es besser, nicht mit ihnen darüber zu sprechen, sondern bei anderen Menschen Trost und Anteilnahme zu suchen.
5. Akzeptanz und Loslösung. In der Regel dauert es drei bis vier Monate, bis die Trauer beendet ist. Schöne Erinnerungen werden das Gefühl des Verlusts ersetzen. Die tiefen Gefühle für die Katze werden bleiben, aber nun werden sie positiver, da Sie sich an die schönen Zeiten erinnern, die Sie gemeinsam miteinander verbracht haben.

Wenn Sie die Phasen der Trauer kennen und wissen, wie Sie sich von der Familie, von Freunden und Ihrem Tierarzt helfen lassen können, wird sich der Prozess um einiges leichter bewältigen lassen.

Die meisten Haustiere haben eine kürzere Lebensdauer als wir selbst, und Tierbesitzer erleben den Tod eines geliebten Tiers im Durchschnitt fünf Mal in ihrem Leben. Jedes Mal trauern sie. Dabei wird die Trauer nicht schwächer, je öfter sie die Erfahrung des Verlusts machen, denn jedes Tier ist ein Individuum und die Besitzer trauern auf unterschiedliche Weise um jedes einzelne.

Euthanasie

In der Regel wird eine Katze mit einer Spritze eingeschläfert, die eine Überdosis eines Narkosemittels enthält. Sie hat dabei keinerlei Schmerzen und schläft innerhalb von 15 bis 20 Sekunden ein. Vielleicht möchten Sie dabei sein. Vielleicht möchten Sie diesen Prozess aber auch nicht miterleben und verabschieden sich ein letztes Mal von Ihrer Katze, wenn alles vorüber ist.

Das Team in der Tierarztpraxis wird Verständnis für Ihre Gefühle haben – Tränen sind eine ganz natürliche Reaktion. Es gehört zu den Aufgaben des Praxisteams, Sie bei Ihrer Trauer zu unterstützen. Sie sollten auch bedenken, dass Tierärzte viel weniger zu tun hätten, wenn Haustierbesitzer ihre Tiere nicht so lieben würden.

Psychologische Hilfe

Manche Tierbesitzer werden mit ihrer Trauer nach dem Verlust eines geliebten Tieres nicht fertig. Wenn es Ihnen auch so ergeht, sollten Sie sich an eine psychologische Beratungsstelle oder einen Therapeuten wenden, da Sie dort professionelle Hilfe für Ihre Probleme bekommen können. Auch hier kann Ihr Tierarzt Ihnen möglicherweise Adressen von Organisationen oder Therapeuten nennen, die auf solche Fälle spezialisiert sind beziehungsweise viel Erfahrung damit haben.

Begräbnis oder Einäschern

Ihr Tierarzt kann Ihnen auch bei dieser Entscheidung helfen und Ihnen gegebenenfalls Adressen von Tierfriedhöfen nennen.

Wenn die Gelenke einer älteren Katze steifer werden, kann sie selbst ihr Fell nicht mehr so gut mit der Zunge putzen, sodass es insgesamt struppiger wird.

Gesundheitspflege bei der Katze

Beim Tierarzt

Damit Ihre Katze gesund bleibt, ist regelmäßige Gesundheitsfürsorge nötig. Das ist natürlich in erster Linie Ihre Sache, doch können Sie sich dabei ja auf professionelle Hilfe verlassen. Der Tierarzt steht Ihnen bei Krankheit zur Seite, doch er gibt Ihnen auch praktischen Rat und bietet Produkte an, die speziell auf die Probleme Ihrer Katze abgestimmt sind. Dazu kommt meist ein freundliches Team, das sich Ihre Sorgen und Nöte gerne anhört.

Häufig ist der Tierarzt in einem Viertel auch eine Art Treffpunkt für Tierliebhaber. Man findet dort wichtige Informationen wie zum Beispiel Adressen von Katzensittern, Züchtern oder Katzenpensionen. Viele besitzen auch ein Schwarzes Brett, auf dem nach verlorenen Tieren gesucht oder eine Fundkatze beschrieben wird.

In den letzten zehn Jahren hat sich die Praxis des Tierarzts stark verändert. Neue Methoden wie routinemäßiges Röntgen oder Blutbild, neue Technologien wie Ultraschall und moderne bildgebende Verfahren (Magnetresonanztomografie und Computertomografie) erlauben heute Einblicke, die früher nicht möglich waren.

Schmerzlose Lasertherapie ist häufig bei degenerativen Gelenkserkrankungen sowie bei Bänderrissen und ähnlichen Problemen erfolgreich.

Aber auch die alternative Medizin hat in die Tierheilkunde Einzug gehalten und wird meist mit konventionellen therapeutischen Verfahren kombiniert. Heute gibt es Tierärzte, die in Akupunktur (die Stimulierung bestimmter Energiepunkte mithilfe von Laser oder Nadeln, Magneten oder Injektionen) ebenso geschult sind wie in Chiropraktik (Diagnose und Behandlung durch Lockerung des Knochengerüsts und des Schädels). Sie verstehen sich auf Massagetherapie, Homöopathie, Pflanzenheilkunde, Ernährungskunde und Bachblütentherapie und erzielen damit ganz erstaunliche Erfolge vor allem bei chronisch kranken Tieren.

Die moderne Tierheilkunde kennt viele Spezialgebiete

- Anästhesie
- Orthopädie
- Augenheilkunde
- Endokrinologie
- Dermatologie
- Verhaltenstherapie
- Zahnheilkunde
- Pharmakologie
- Chirurgie
- Röntgendiagnostik
- Bildgebende Verfahren

Das Immunsystem

Das Tier besitzt, wie der Mensch, verschiedene Mechanismen, um sich selbst vor Krankheiten zu schützen, die von Mikroorganismen ausgelöst werden.

So ist eine gesunde Haut die erste Barriere für solche Schadstoffe und -organismen. Auch die Schleimhäute in der Nase, der Luftröhre und den Bronchien halten Fremdstoffe fest, sodass sie nicht in die Lungen gelangen. Als weitere Barriere kann die Säure im Magen gelten, die viele Fremdorganismen abtötet, aber auch die Schleimhaut der Verdauungsorgane. Die Leber beseitigt Giftstoffe, die von Bakterien produziert werden.

All diese Mechanismen funktionieren, wenn das Tier gesund ist. Leidet es jedoch an Unterernährung bzw. Stress oder ist es aus anderen Gründen geschwächt, fallen diese Barrieren aus.

Die Schadorganismen, die Krankheiten auslösen, bestehen in den meisten Fällen aus Proteinen. Sollte ein solcher Mikroorganismus die äußeren Barrieren überwinden und in den Körper eindringen, wird er dort sofort ausgemacht. Dann beginnt der Körper mit der Produktion von Antikörpern. Antikörper werden von spezialisierten weißen Blutkörperchen in den Lymphknoten und der Milz produziert. Sie zirkulieren im Blut und zerstören gewöhnlich genau jenen Organismus (das Antigen), dessentwegen sie produziert wurden.

Wenn die Katze zum ersten Mal mit einer spezifischen Krankheit in Kontakt kommt (durch Erkrankung oder Impfung), kann es bis zu zehn Tage dauern, ehe der Körper Antikörper produziert. Beim nächsten Mal aber geht es sehr viel schneller, sodass die Krankheit sich erst gar nicht einnisten kann.

Die Antikörper werden mit der Zeit weniger, doch wenn das Antigen wieder auftaucht (durch Infektion oder Nachimpfung), setzt die Produktion der Antikörper quasi sofort ein.

Diese Immunisierung durch Impfung hält allerdings nicht so lange an wie eine natürliche Immunisierung, die der Körper aufbaut, wenn er eine Krankheit erfolgreich überwindet. Nur aus diesem Grund sind Nachimpfungen nötig.

Passive Immunität

Von „passiver Immunität“ spricht man, wenn ein Jungtier Antikörper von seiner Mutter bekommt, weil es noch keine eigenen produzieren kann.

Bei neugeborenen Tieren ist das Immunsystem noch nicht ausgebildet. Dieser Prozess dauert gewöhnlich mehrere Wochen. In dieser Zeit werden die Jungtiere von der Mutter geschützt. Einige Antikörper bekommen sie schon im Mutterleib mit, andere mit der ersten Milch, dem Kolostrum. Hat das Tier keine Gelegenheit, die Antikörper in den ersten Tagen nach der Geburt aufzunehmen, hat es schwere Zeiten vor sich. Dies ist vor allem bei größeren Würfen der Fall, wo die Erstgeborenen gewöhnlich mehr vom Kolostrum abbekommen als die später zur Welt gekommenen Tiere.

Natürlich kann die Kätzin nur jene Antikörper weitergeben, die sie selbst ausgebildet hat. Wenn sie also nicht geimpft wurde oder nicht im Kontakt mit anderen Katzen stand, hat sie nur wenig Antikörper für ihre Jungen. Aus diesem Grund werden Zuchtkätzinnen regelmäßig geimpft.

Die passive Immunität hält nicht lange an. Tatsächlich halbiert sich die Zahl der Antikörper bei den Jungtieren alle sieben Tage. Im Alter von 12 Wochen muss das Immunsystem der Kleinen funktionieren.

Jungkatzen werden durch die Antikörper der Mutter geschützt, die sie in den ersten Tagen nach der Geburt aufnehmen. Dieser Schutz hält zwischen sechs und 12 Wochen an.

Aktive Immunität

Hier produziert das Tier selbst Antikörper, was auch bei Jungtieren geschieht, sobald sie älter geworden sind. Daher impft man gewöhnlich erst, wenn sich das eigene Immunsystem der Tiere ausgebildet hat, denn solange sie durch passive Immunität geschützt sind, reagiert der Körper möglicherweise auf die Impfung nicht. Leider wissen wir meist nicht, wann das eigene Immunsystem die Arbeit aufnimmt. Bei einigen Jungtieren ist dies schon vor der 12. Lebenswoche der Fall, sodass diese Gefahr laufen, sich bei einer erst dann erfolgenden Impfung bereits mit einer Krankheit infiziert zu haben. Daher impft man die Tiere zweimal, einmal im Alter von acht bis neun Wochen, ein zweites Mal vier Wochen später. In Hochrisikogebieten impft man sechs Wochen nach der Geburt und wiederholt die Impfung alle 14 Tage, bis die Tierchen 12 Wochen alt sind. Ihr Tierarzt weiß, was zu tun ist.

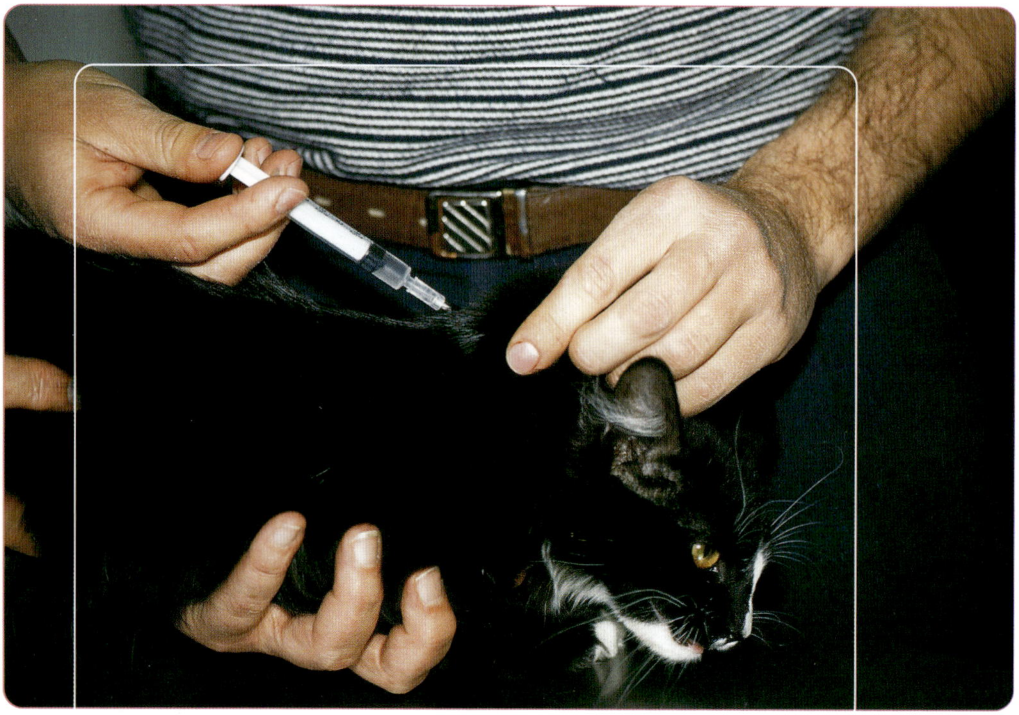

Bringen Sie Ihre Jungkatze bald zum Tierarzt.

Impfschutz für Katzen

In vielen Ländern haben regelmäßige Impfungen das Auftreten von Infektionskrankheiten bei Katzen erheblich eingedämmt. Heute gibt es zahllose Impfstoffe, darunter auch Kombinationspräparate. Ihr Tierarzt berät Sie gerne.

Katzenschnupfen

Viele Mikroorganismen führen zu Atemwegsinfektionen, doch sind es zwei ganz spezielle Schadorganismen, die für jene Krankheit verantwortlich sind, die wir gewöhnlich Katzenschnupfen nennen.

Das feline Rhinotracheitis-Virus ähnelt dem Schnupfenvirus beim Menschen. Es löst die Feline virale Rhinotracheitis aus, eine Krankheit, die zum Katzenschnupfen-Komplex gehört, und ist hochgradig ansteckend. Anfängliche Symptome sind Niesen, Fieber sowie klares Augen- und Nasensekret, das schnell eitrig wird, weil sekundäre eitrige Infektionen dazukommen. Bei Fortschreiten der Krankheit entwickeln viele Katzen Mundgeschwüre, Bronchitis, häufig gefolgt von Lungenentzündung. Trächtige Katzen verlieren häufig ihre Jungen. Bricht die Krankheit beim erwachsenen Tier aus, ist die Sterberate gering, Jungkatzen jedoch sterben zu 50 bis 60 Prozent. Gesundete Katzen tragen das Virus häufig jahrelang in sich, scheiden es aber nur gelegentlich aus.

Eine ähnlich hohe Zahl an Atemwegsinfektionen wird vom Felinen Calicivirus (FCV) verursacht. Auch diese fallen unter den Symptomenkomplex des Katzenschnupfens. Hier kommt es häufig zur Geschwürbildung an Mund, Nase und Zunge. Meist zeigt die Erkrankung jedoch einen weniger schweren Verlauf als bei einer Infektion mit dem Rhinotracheitis-Virus. Auch hier werden gesundete Katzen häufig zu Virenträgern, die sie auch gelegentlich ausscheiden.

Mitunter kommt es zu Infektionen mit beiden Viren zugleich.

Etwa fünf Prozent der Atemwegsinfektionen werden durch Chlamydien-Infektionen verursacht. Chlamydien werden als „Rickettsien" eingestuft, die zwischen Bakterien und Viren anzusiedeln sind. Diese Krankheit nannte man früher Feline Pneumonitis, heute Feline Chlamydiose. Anders als die oben genannten Viren lassen diese Erreger sich mit Antibiotika bekämpfen. Sie verursachen Bindehautentzündung, tränende Augen (Konjunktivitis) und Schnupfen (Rhinitis). Zu Fieber und schwereren Atemwegsproblemen aber kommt es nur selten. Auch Todesfälle kommen kaum vor. Die Chlamydiose wird vor allem dort zum Problem, wo viele Katzen zusammenleben wie in Zuchtbetrieben und Katzenpensionen.

Herzgeräusche sind bei Katzen recht häufig, daher gehört das Abhören des Herzens zur Standarduntersuchung beim Tierarzt.

Feline infektiöse Enteritis (FIE)

FIE ist auch als Katzenleukopenie oder Katzenparvovirose bekannt. Früher war sie eine der schlimmsten Katzenkrankheiten. Heute jedoch hält man sie mit Impfprogrammen unter Kontrolle. Die Krankheit verursacht eine gravierende Abnahme der Menge der weißen Blutkörperchen. Symptome sind: Fieber, Appetitverlust, Erbrechen, Depression und Durchfall. Jungkatzen sind stärker gefährdet, da die Krankheit bei ihnen häufig zum Tod führt. Katzen, die sich von ihr erholen, bleiben oft lebenslang schwach.

Katzenleukämie (Felines Leukämievirus, FELV)

Dies ist die häufigste Krebsart bei Katzen. Die Symptome variieren. Meist kommt es zu Erbrechen, Durchfall, Lethargie und schwerem Atem.

Man kann die Krankheit behandeln, auch mithilfe chemotherapeutischer Methoden, nicht selten aber zeigt die Behandlung keinen Erfolg. An Katzenleukämie erkranken etwa ein bis zwei Prozent der Katzen. In anderen Ländern kommt es zu höheren Erkrankungsraten.

Andere Viren

Zwei andere Viruskrankheiten, die Katzen sehr zusetzen, sind: Feline infektiöse Peritonitis (FIP) und Feline Immundefizienz, verursacht durch das Feline Immundefizienz-Virus (FIV).

Tollwut

In Ländern, in denen die Tollwut grassiert, müssen Katzen regelmäßig geimpft werden. Tollwut kann jedes Tier bekommen, sie wirkt sich fast immer tödlich aus. Übertragen wird sie durch den Speichel infizierter Tiere, der mit der Schleimhaut (an Augen, Nase oder Mund) des anderen Tieres in Kontakt kommen muss. Auch Infektion durch offene Wunden ist möglich.

Mit der Spritze lässt sich Flüssigarznei am besten eingeben.

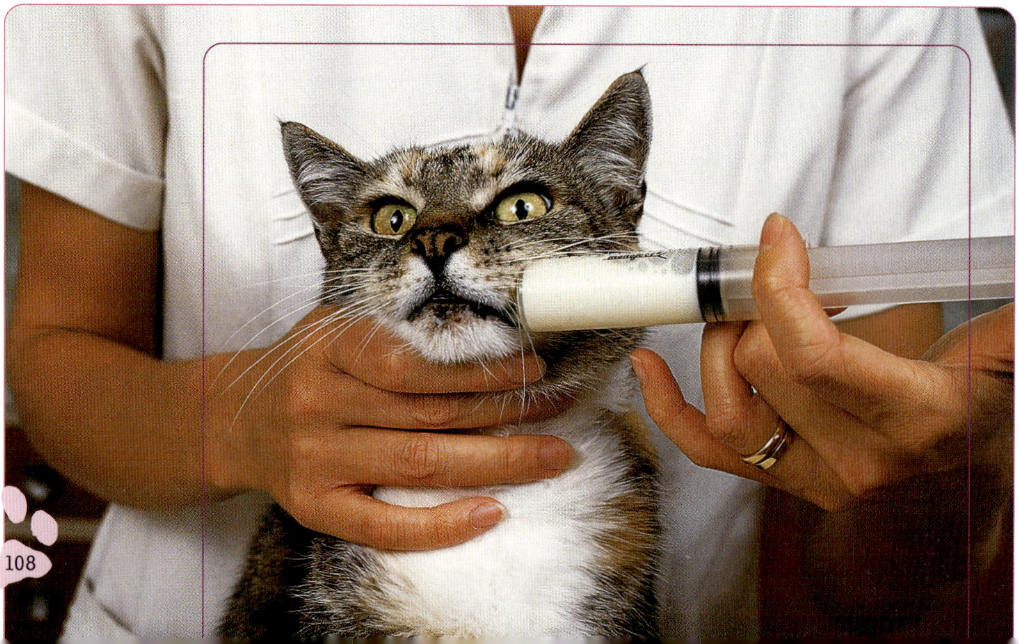

In Europa wird das Virus meist vom Fuchs übertragen, in Nordamerika sind Waschbären, Fledermäuse, Stinktiere, Füchse und Koyoten die Hauptüberträger. In Lateinamerika sind die wichtigsten Überträger Katzen.

Die Zeit, die bis zum Ausbruch der Krankheit vergeht, beträgt gewöhnlich etwa acht Wochen. Es können aber auch sechs Monate sein. Das Virus verbreitet sich über die Nervenbahnen bis zum Gehirn. Dort verursacht es eine Gehirnhautentzündung, die zu eindeutigen Symptomen führt. Im letzten Stadium der Krankheit sammelt das Virus sich im Speichel und in den Speicheldrüsen. Beim Ausbruch der Krankheit sind deutliche Veränderungen im Verhalten der Tiere feststellbar. Betroffene Tiere werden ängstlich und reagieren übersensibel auf Lärm und Licht. Nachttiere sind plötzlich tagsüber unterwegs, Wildtiere verlieren ihre Scheu vor Menschen. Eine normalerweise schüchterne Katze wird zutraulich, während ein anhängliches Tier zu fremdeln beginnt.

Katzen werden bei fortgeschrittener Erkrankung ruhelos und reizbar. Häufig greifen sie grundlos Menschen und andere Tiere an. Nicht selten kommt es zur Lähmung der Halsmuskeln, wodurch sie Schluckbeschwerden entwickeln. Der Speichel tropft aus ihrem Mund. Im Endstadium kollabiert das Tier, fällt ins Koma und stirbt.

Vorbeugung

In bestimmten Ländern ist die Tollwutimpfung für Katzen vorgeschrieben. Um das Einschleppen dieser Krankheit zu verhindern, haben viele Inselnationen strenge Quarantäneregelungen eingeführt. In Großbritannien dürfen auch geimpfte Tiere nur unter bestimmten Vorsichtsmaßnahmen eingeführt werden.

Wenn Ihre Katze mit einem tollwutkranken Tier kämpft, kann es sein, dass Speichel sich am Fell oder an den Ohren befindet, wenn Ihr Tier heimkehrt.

Wenn Sie selbst von einem Tier angegriffen oder verletzt werden, das Ihrer Ansicht nach tollwütig ist, oder Sie mit dem Speichel eines solchen Tieres in Kontakt kommen, waschen Sie die Wunde sofort mit Seife oder Haushaltsreiniger aus. Diese erledigen das Virus schneller als jedes Desinfektionsmittel. Gehen Sie trotzdem sofort zum Arzt.

In diesem Fall sollten Sie:

- Ihre Katze nur mit Handschuhen oder mit einem Handtuch anfassen.
- Kontakt der Katze mit anderen Menschen oder Tieren strikt vermeiden.
- das Amt für Veterinärmedizin anrufen.
- auf gar keinen Fall versuchen, das angreifende Tier einzufangen.
- die Katze zum Tierarzt bringen.
- bei einer geimpften Katze die Impfung innerhalb von 72 Stunden auffrischen lassen.
- Wurde die Katze nachgewiesenermaßen von einem tollwütigen Tier gebissen, verhängt der Amtstierarzt eine Quarantäne von mindestens zwei bis zu sechs Monaten.

Halten Sie sich bitte an folgende Vorsichtsmaßnahmen:

- Füttern Sie keine Wildtiere. Locken Sie diese nicht in Ihren Garten.
- Rufen Sie das Amt für Veterinärmedizin an, wenn Sie in Ihrer Umgebung tollwütige Tiere vermuten (anzeigepflichtige Tierseuche).
- Nehmen Sie keine toten oder verlassenen Tiere mit nach Hause.
- Wenn Sie besonders gefährdet sind (weil Sie beispielsweise ständig mit toten Tieren zu tun haben), lassen Sie sich impfen.

Ektoparasiten (äußere Parasiten)

Ektoparasiten leben auf der Haut des Tieres. Die meisten Ektoparasiten sind auf bestimmte Wirte spezialisiert. Das bedeutet, dass sie nur ganz bestimmte Tiere infizieren. Zu den Ausnahmen von dieser Regel gehört der Katzenfloh, der zum Beispiel auch Hunde befällt. Hunde- und Katzenflöhe beißen für gewöhnlich auch Menschen.

Flöhe

Die meisten Katzen bekommen einmal im Jahr Flöhe. Sie holen sie sich von anderen Katzen, Hunden, Igeln und sogar von Hasen. Die häufigste Art bei Katzen ist Ctenocephalides felis, der Katzenfloh.

Auf natürliche Weise lässt sich der Befall über die Regulierung der Luftfeuchtigkeit kontrollieren, da der Katzenfloh sich bei einer Luftfeuchtigkeit unter 50 Prozent nicht entwickeln kann. Im Winter liegt die Luftfeuchtigkeit in geheizten Häusern bei etwa 40 Prozent, sodass Flöhe nur selten ein Problem darstellen. Im Sommer jedoch steigen Luftfeuchtigkeit und Raumtemperaturen an, was die Flohpopulationen zur Vermehrung anregt.

Flohpulver und Flohhalsbänder werden heute meist durch einfach anzuwendende Flüssigmittel ersetzt.

Das häufigste Symptom des Flohbefalls ist wiederholtes Kratzen und nervöses Putzen. Einige Katzen werden nervös und launisch, da die Flohbisse und das folgende Jucken sie stören. Flöhe nisten sich besonders gern in bestimmten Körperpartien ein. Am liebsten am Rücken gleich oberhalb vom Schwanzansatz. Sie können die Tiere sehen, wenn Sie Ihre Katze mit dem Flohkamm kämmen. Auch schwarze Körnchen (Flohdreck) sind ein deutliches Anzeichen, werden jedoch meist nur bei hellem Fell wahrgenommen. Um festzustellen, ob es sich wirklich um Flohdreck handelt, sollten Sie die Kügelchen zwischen zwei feuchte Tücher legen. Da sie getrocknetes Blut enthalten, färbt das Tuch sich gewöhnlich rot.

Katzenflöhe bleiben nur so lange auf der Katze, bis sie ihre Eier abgelegt und sich vollgesogen haben. Die Eier werden dann in die Umgebung verstreut und verbreiten sich im gesamten Haushalt. Daher müssen bei einer Flohbehandlung alle Haustiere sowie der gesamte Wohnbereich einbezogen werden.

Glücklicherweise gibt es heute schnell wirkende Mittel, die einfach anzuwenden sind. Meist muss man nur ein paar Tropfen zwischen die Schulterblätter träufeln. Die erhältlichen Produkte unterbrechen den Fortpflanzungszyklus der Flöhe.

Zecken

Sie sind in ländlichen Gegenden weitverbreitet und hängen sich bei frei laufenden Katzen gerne an Kopf oder Nacken. Um sie zu entfernen, sollten Sie den Zeckenkörper mit vergälltem Spiritus einreiben. Dann fassen Sie sie mit einer Pinzette so nahe wie möglich an der Haut und ziehen sie ab. Einige Zecken (vor allem in Australien) sind giftig und können kleine Tiere töten. Fragen Sie bei einem Zeckenbiss den Tierarzt um Rat.

Jungkatzen und Meerschweinchen freunden sich häufig an. Leider übertragen die Tiere sich gegenseitig Flöhe.

Flöhe sind Ektoparasiten, die nur so lange auf der Katze bleiben, bis sie sich vollgesogen und Eier abgelegt haben.

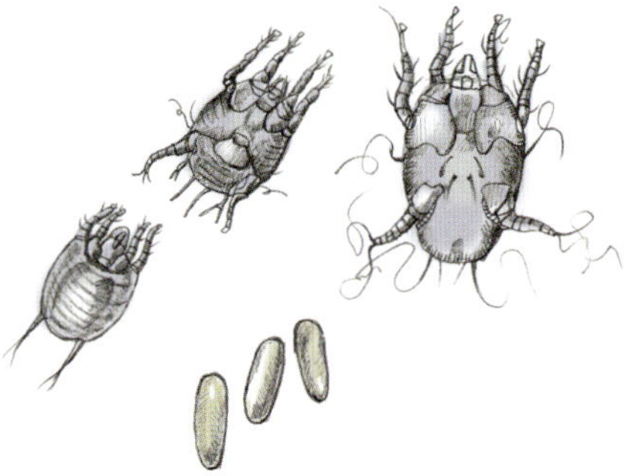

Die häufigste Milbe ist die Ohrmilbe (Otodectes cynotis).

Milben

Die Ohrmilbe (Otodectes cynotis) greift das Ohr an und verursacht starke Reizungen, sodass die Katzen sich häufig kratzen. Dabei kommt es meist zu einer sekundären, bakteriellen Infektion. Das Ohr entzündet sich und schmerzt. Wenn Ihre Katze häufig an den Ohren kratzt, bringen Sie sie zum Tierarzt. Normalerweise gibt er Ihnen ein ölhaltiges Mittel mit. Bekämpfen Sie Milben bitte nur mit vom Tierarzt verschriebenen Mitteln.

Räudemilben (Notoedres cati) bohren sich in die Haut, vor allem an beiden Seiten des Gesichts sowie zwischen Augen und Ohren. Sie reizen dort die Haut, welche anschwillt. Die Katze kratzt und putzt sich so heftig, dass es zu Haarausfall kommt. Diese Erkrankung erfordert meist eine längere Behandlung durch den Tierarzt.

Fellmilben (Trombicula autumnalis) befallen Katzen meist im Sommer oder Frühherbst. Man findet sie an den weniger mit Fell bestandenen Körperpartien, z. B. an den Ohren, am Mund und zwischen den Zehen. Sie erfordern eine Behandlung mit entsprechenden Insektiziden, die Sie bei Ihrem Tierarzt erhalten.

Cheyletiella-Milben finden sich sowohl bei Hunden als auch bei Katzen und Hasen. Jedes Tier wird von einem besonderen Milbentyp befallen. Sie können Juckreiz verursachen, doch das auffälligste Symptom ist zweifellos der Schuppenbefall, vor allem an Rücken und Flanken. Diese Milben schaden Katzen nicht allzu sehr, können aber auch den Menschen befallen, bei dem sie schorfige, sich schuppende Haut verursachen. Beim Menschen siedelt die Milbe sich vorzugsweise an Händen und Unterarmen sowie am Brustkorb an.

Läuse

Gesunde Katzen werden normalerweise nicht befallen. Kranke oder geschwächte Tiere jedoch können durchaus einmal Läuse bekommen, da sie sich häufig nicht richtig putzen können. Die Tiere der Gattung Felicola legen weiße Eier (Nissen), die am Fell haften. Sie lassen sich mit verschiedenen Insektiziden behandeln.

Endoparasiten (innere Parasiten)

Regelmäßige Untersuchung durch den Tierarzt sowie regelmäßiges Entwurmen sollten Ihre Katze vor Wurmbefall bewahren. Fragen Sie Ihren Tierarzt, welche vorbeugenden Maßnahmen am besten geeignet sind.

Erwachsene Katzen, die vom Spulwurm befallen sind, zeigen häufig keine Symptome.

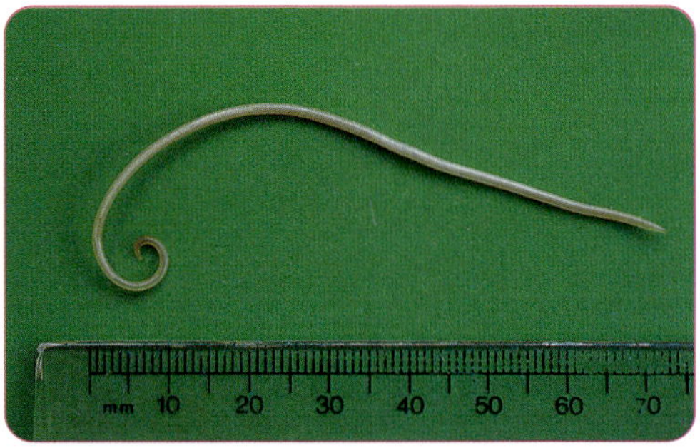

Katzen infizieren sich häufig durch Mäuse mit Würmern, z. B. dem Bandwurm (Taenia taeniaeformis).

Spulwürmer

Toxocara cati und Toxascaris leonina sind die häufigsten Spulwurmarten bei Katzen. Sie können bis zu 10 cm lang werden. Ihre Eier können unter günstigen Umständen jahrelang überleben.

Das Tier kann sich direkt infizieren (Eier) oder indirekt (durch Eier, die in großer Zahl in den Beutetieren der Katze ruhen).

In den meisten Teilen der Welt ist etwa ein Fünftel aller Katzen mit Spulwürmern infiziert. Nicht selten zeigen erwachsene Katzen keinerlei Symptome, doch die Larven des Wurms können von der säugenden Mutter auf die Jungtiere übertragen werden, bei denen sich der Befall mitunter tödlich auswirkt.

Hakenwürmer

Diese sind ist vor allem in wärmeren Ländern ein Problem. In Australien, Neuseeland, einem Teil der USA, Südafrika und den südlichen Gegenden von Großbritannien machen sie durchaus Ärger. Am häufigsten kommt die Art Ancylostoma vor. Starker Befall mit diesem Wurm kann zu Anämie und Tod führen. Behandlung durch den Tierarzt ist nötig.

Bandwürmer

Die häufigsten Bandwurmarten bei Katzen sind Dipylidium caninum (der Hundebandwurm, der sich auf Katzen überträgt, indem sie infizierte Flöhe oder Läuse aufnehmen) und Taenia taeniaeformis, den Katzen sich häufig durch infizierte Beutetiere wie Ratten oder Mäuse holen.

Einzelne Bandwurmsegmente finden sich im Katzenkot wieder oder bleiben am Fell hängen.

Vermeiden Sie direkten Kontakt mit Katzenkot, da darin Parasiten wie der Toxoplasmose-Erreger Toxoplasma gondii enthalten sein können.

Peitschenwürmer (Trichuris) und Fadenwürmer (Strongyloides)

Diese kommen vorzugsweise in warmen, feuchten Klimazonen vor wie im Süden der USA oder in Australien. Beide Wurmarten befallen Katzen seltener als Hunde, können aber Blutarmut verursachen. Die Larven entwickeln sich im Freien und verursachen bei Befall einen starken, wässrigen oder schleimigen Durchfall. Die befallenen Tiere müssen zum Tierarzt.

Lungenwürmer

Einige Lungenwürmer können auch Katzen befallen, doch nicht alle verursachen schwerwiegende Probleme.

Aleurostrongylus abstrusus erfordert allerdings eine gründliche Behandlung durch den Tierarzt. Die Symptome bei Befall reichen von leichtem Husten bis zu schweren Atemproblemen.

Herzwürmer

Herzwürmer befallen Hunde weit öfter als Katzen. Nichtsdestotrotz ist eine Infektion auch bei Katzen möglich und in den Mittelmeerländern, im Süden der USA und in Australien gar nicht so selten. Die Symptome reichen von leichtem Husten bis zu Atembeschwerden. Es kann zum plötzlichen Tod kommen, wenn nicht behandelt wird.

Toxoplasmose

Die Infektion mit dem Erreger Toxoplasma gondii führt bei Katzen nur selten zur Ausbildung von Symptomen. Bedauerlicherweise kann der Erreger durch infizierten Kot auf Menschen übertragen werden und ist für Schwangere gefährlich. Einfache Vorsichtsmaßnahmen können Sie vor Ansteckung bewahren. So sollten Sie beim Saubermachen der Katzentoilette immer Gummihandschuhe tragen und sich hinterher die Hände waschen. Den Sandkasten für Kinder sollten Sie abdecken, wenn die Kleinen nicht darin spielen.

Infektion mit Flechtengrind (Kratzfieber) führt zu kahlen Stellen auf der Haut. Flechtengrind ist auf Menschen übertragbar.

Feline infektiöse Anämie (FIA)

Diese Krankheit ist nicht überall verbreitet. Sie wird von Haemobartonella felis (oder Eperythrozoon felis) verursacht, einem parasitären Protozoon, das durch Mückenstiche übertragen wird. Der Parasit zerstört die roten Blutkörperchen. Die Erkrankung zeigt sich an blassen Schleimhäuten und Lethargie. Normalerweise registriert der Katzenhalter sie relativ schnell. Der Tierarzt behandelt mit Antibiotika. Wurde jedoch auch das Virus für Feline Leukämie übertragen, sind die Heilungsaussichten schlecht.

Die Behandlung durch den Chiropraktiker gehört zu den modernen, alternativen Behandlungsmethoden.

Gesundheitscheck für Ihre Katze

Krankheitszeichen

Je eher Sie eine Krankheit feststellen und für eine angemessene Behandlung sorgen, desto höher sind die Heilungschancen. Außerdem leidet Ihre Katze weniger. Daher sollten Sie wissen, wie Ihr Tier sich normal verhält, um erste Anzeichen einer Erkrankung schnell feststellen zu können.

Erste Anzeichen

Häufig macht eine Krankheit sich zuerst durch subtile Verhaltensänderungen bemerkbar. Vielleicht wirkt das Tier ruhiger als sonst, weniger aktiv und zeigt keine Lust, nach draußen zu gehen. Vielleicht hat es mehr Durst oder weniger Appetit. Da Katzen wie Menschen einfach mal einen „schlechten Tag" haben, sollten Sie Ihr Tier zwei bis drei Tage lang beobachten.

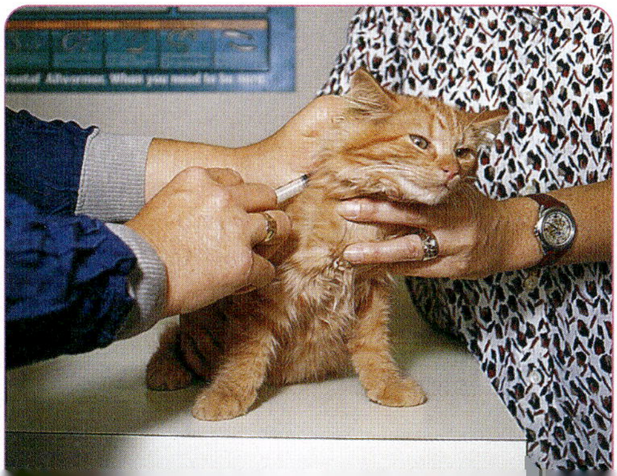

Zeigt Ihre Katze folgende Symptome, sollten Sie allerdings bald zum Tierarzt gehen:

- außergewöhnliche Müdigkeit, Erschöpfung
- ungewöhnlicher Ausfluss aus Nase, Mund, Ohren oder anderen Körperöffnungen
- häufiges Kopfschütteln
- häufiges Kratzen, übermäßiges Putzen, vielleicht nur an bestimmten Körperstellen
- deutlich verminderter oder vermehrter Appetit
- übermäßige Trinkwasseraufnahme
- schwieriger, ungewöhnlicher oder unkontrollierter Absatz von Kot oder Urin
- deutliche Gewichtszu- oder abnahme
- ungewöhnliche Schwellungen
- ungewöhnliches Verhalten wie Hyperaktivität, Aggression oder Lethargie
- Lahmen
- Schwierigkeiten beim Aufstehen oder Hinlegen

Wenn Sie ungewöhnliche Dinge bemerken, machen Sie sich Notizen und zeigen Sie diese dem Tierarzt. Der Hausarzt fragt den Patienten, um sich ein Bild von seinem Zustand zu machen, der Tierarzt ist auf Ihre Beobachtungsgabe angewiesen.

Jungkatzen sollten schon früh gegen Infektionskrankheiten geimpft werden. Ältere Tiere brauchen des Öfteren eine Auffrischung.

Schmerzen

Schmerz empfindet die Katze dann, wenn bestimmte Nervenenden im Körper gereizt werden. Er kann viele Gründe haben, gewöhnlich aber stecken Infektionen, Verletzungen, Vergiftungen oder Entzündungen dahinter. Schmerz gehört zu den frühesten Anzeichen von Krankheit.

Wenn wir unter Schmerzen leiden, können wir dies mit Worten ausdrücken. Bei Katzen ist dies nicht der Fall, daher sollten Sie auf folgende Reaktionen achten:

- Katzen schreien auf, wenn man ihnen auf die Pfote steigt oder Sie eine schmerzhafte Körperstelle berühren. Manchmal fauchen, beißen oder kratzen sie.
- Wenn ein Bein schmerzt, setzen sie dieses beim Gehen zwar auf, belasten es aber nicht. Sie hinken oder ziehen das Bein nach.
- Wenn sie Gelenkschmerzen haben (aufgrund einer Arthrose zum Beispiel), schreien sie auf, wenn sie aufstehen oder sich hinlegen.
- Schmerzen die Analdrüsen, dann rutscht die Katze mit dem Hinterteil über den Boden. Bei allen Problemen am After wird sie die betroffene Gegend häufiger inspizieren.
- Schmerzen am Auge zeigen sich, wenn das Tier häufig mit der Pfote über das Auge fährt oder die betroffene Stelle gegen Gegenstände (Möbel) drückt.
- Schmerzen im Ohr erkennt man daran, dass das Tier den Kopf auf die betroffene Seite neigt und diesen schüttelt.
- Schmerzen im Maul führen zu vermehrtem Speicheln und zu Kieferklappern.

Schmerzen am Kopf, im Rücken oder Bauch sind schwerer festzustellen. Hier ist eine Veränderung meist nur am Verhalten feststellbar.

Rückenschmerzen

Rückenschmerzen hat Ihre Katze womöglich, wenn sie

- zu lahmen scheint, aber kein Bein betroffen ist.
- am Rücken nicht berührt werden möchte.
- den Rücken krümmt und/oder beim Aufstehen zittert.
- den Harn nicht halten kann.
- Schwierigkeiten hat, beim Kotabsetzen eine normale Stellung einzunehmen.
- in den Hinterfüßen einknickt.

Kopfschmerzen

Kopfschmerzen hat Ihre Katze womöglich, wenn sie

- die Augen halb geschlossen hält, obwohl diese in Ordnung zu sein scheinen.
- die Oberseite des Kopfes an Gegenstände drückt.
- sanft, aber regelmäßig den Kopf schüttelt.
- mit leerem Blick vor sich hinstarrt, falls sie dieses Verhalten nicht schon früher zeigte.

Leibschmerzen

Leibschmerzen hat Ihre Katze womöglich, wenn sie

- mehr liegt als sonst.
- ruhelos ist und sich nicht hinlegen mag.
- die Bauchmuskeln angespannt hat und den Rücken krümmt.
- ständig vergeblich versucht, Kot abzusetzen.
- normalerweise sanft ist, aber plötzlich bösartig wird, wenn Menschen sich ihr nähern.

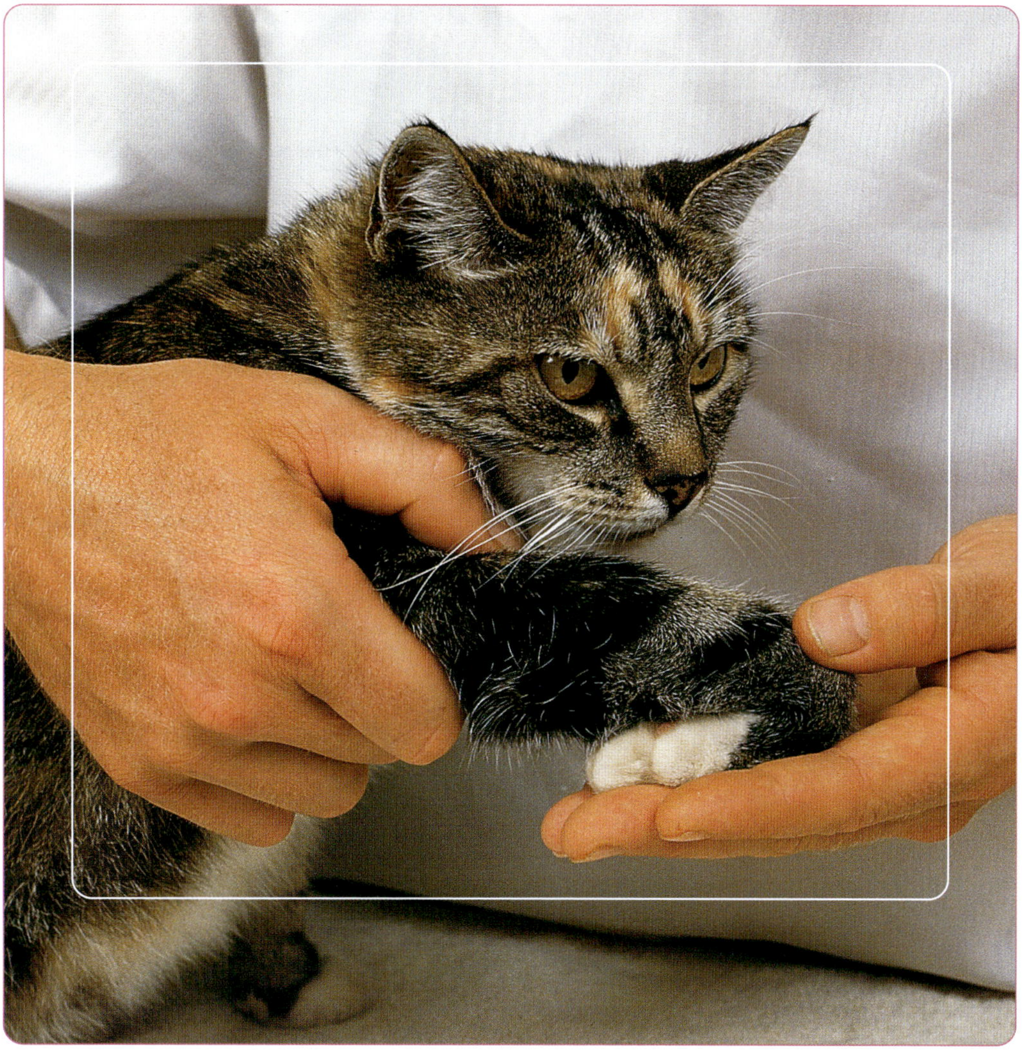

Was Sie tun können

Wenn Ihr Tier lahmt, ist der Grund nicht immer sofort ersichtlich, daher sollten Sie den Rat des Tierarztes einholen.

Wenn der Schmerz durch einen kleineren Unfall verursacht wurde (z. B. wenn jemand dem Tier auf die Pfote getreten ist), sollten Sie einfach aufpassen, wie das Tier sich weiter verhält. Hat der Schmerz nach ein paar Stunden nicht nachgelassen, rufen Sie den Tierarzt an.

Wenn Sie jedoch die Ursache nicht feststellen können oder von vornherein wissen, dass es etwas Schlimmeres ist, sollten Sie so schnell als möglich Ihren Tierarzt aufsuchen, statt herumzuraten und darauf zu hoffen, dass das Tier sich von selbst erholt.

Probleme mit Kreislauf und Atmung

Anzeichen	Mögliche Ursachen	Was tun?
Lethargie, bewegt sich wenig, körperliche Schwäche, fällt leicht in Ohnmacht (vor allem Jungtiere) Wie oben, dazu schwaches Wachstum und geblähter Bauch Wie oben (Katzen jeden Alters) Wie oben (Katzen jeden Alters)	• Angeborene Missbildung, bei der nur wenig Blut in die Lungen gelangt • Angeborene Missbildung, bei der nur wenig Blut in die Leber gelangt • Herzklappenfehler • Anämie (Blutarmut)	→ Zum Tierarzt bringen.
Husten	• Kongestive Herzinsuffizienz (chronische Herzkrankheit), Tumor am Herzen, Herzwurm (siehe Seite 115)	→ Zum Tierarzt bringen.
Atmungsanomalien	• Lungenkongestion aufgrund eines Herzfehlers, Vergiftung mit Rattengift, Anämie	→ ACHTUNG: Unbedingt sofort zum Tierarzt bringen!
Blässe oder bläuliche Tönung des Zahnfleischs	• Vergiftung mit Rattengift, schwaches Herz, übermäßiges Absterben roter Blutkörperchen, Blutgerinnungsprobleme	→ Zum Tierarzt bringen.
Gelbsucht (Gelbfärbung des Zahnfleischs und des Auges)	• Nachwirkung einer Lebererkrankung, übermäßiges Absterben roter Blutkörperchen	→ Zum Tierarzt bringen.
Aufgeblähter Bauch	• Wasseransammlung aufgrund von Herzschwäche	→ Zum Tierarzt bringen.
Eingeschränkte Nutzung der Hinterbeine, Heulen, Hinterbeine fühlen sich kalt an	• Thrombose der Aorta (ein Blutpfropf blockiert eine oder beide Oberschenkelarterien)	→ ACHTUNG: Unbedingt sofort zum Tierarzt bringen! Viele Katzen überleben jedoch die Behandlung nicht.

Ohrprobleme

Anzeichen	Mögliche Ursachen	Was tun?
Kopfschütteln, Ohrenkratzen, schwärzl. Ohrensekret	• Ohrmilben	→ Zum Tierarzt bringen.
Kopfschütteln, rötliches oder gelbliches Ohrensekret, das stark riecht, Ohr schmerzempfindlich	• Entzündung des Ohrkanals bzw. der Ohrmuschel. Entzündung des Außenohrs (Otitis externa) aufgrund von Bakterien- oder Pilzbefall. Kann starke Schmerzen verursachen und das Ohr stark in Mitleidenschaft ziehen.	→ Auf keinen Fall etwas ins Ohr stecken (Wattestäbchen usw.), da das Trommelfell leicht zu beschädigen ist. Manche Heilmittel sind schädlich, wenn sie ins Innenohr gelangen. Der Tierarzt kontrolliert, ob das Trommelfell intakt ist. Mit einem Abstrich stellt er fest, welche Schadorganismen die Entzündung verursacht haben.
Neigt ständig den Kopf zur Seite, Gleichgewichtsstörungen, unkontrollierbare Augenbewegungen (Nystagmus), ständiges Kopfschütteln, Erbrechen	• Mittel- und Innenohrentzündung (Otitis media und Otitis interna), Schäden am Trommelfell, chronische Ohrentzündung	→ Zum Tierarzt bringen. Behandelt wird mit entzündungshemmenden Mitteln, Antibiotika und Mitteln gegen Erbrechen.
Schorf an weißen Ohren	• Sonnenbrand (für den weiße Katzen besonders anfälllig sind) • Tumor am Ohr (schuppenartiges Zellkarzinom, SSC). Auch dafür sind weiße Katzen besonders anfälllig.	→ Bei Verletzungen bzw. geröteter Haut handelt es sich wahrscheinlich um Sonnenbrand. Tragen Sie drei Mal täglich einen Sunblocker auf. Halten Sie das Tier von intensiver Sonneneinstrahlung fern. → Wenn die Verletzungen lange anhalten und nie zu heilen scheinen, handelt es sich vermutlich um ein Zellkarzinom. Katze zum Tierarzt bringen. Die Wunden werden häufig vereist oder chirurgisch entfernt.

Drüsenprobleme

Anzeichen	Mögliche Ursachen	Was tun?
Aufgeblähter Bauch, übermäßiger Durst, symmetrischer Fellverlust, Pigmentveränderungen	• Cushing-Syndrom (Störungen der Nebenniere, übermäßige Adrenalinproduktion)	→ Zum Tierarzt bringen.
Übermäßiger Durst, vermehrter Appetit und Urinieren, Gewichtsverlust (Katzen mittleren oder hohen Alters)	• Zuckerkrankheit (Diabetes mellitus)	→ Zum Tierarzt bringen.

Drüsenprobleme (Fortsetzung)

Anzeichen	Mögliche Ursachen	Was tun?
Geschwollener Hals, hyperaktiv, vermehrter Appetit, lautes Schreien, vermehrtes Urinieren, übermäßiger Durst, Gewichtsverlust	• Hyperthyreose (Schilddrüsenüberfunktion)	→ Zum Tierarzt bringen.

Augenprobleme

Anzeichen	Mögliche Ursachen	Was tun?
Blinzeln, Lichtscheu	• Mehrere mögliche Ursachen	→ Zum Tierarzt bringen.
Laufende Augen, klares Sekret	• Wind, Staub, Sonnenlicht, Allergien, blockierte Tränenkanäle, Fehlen der Tränenkanäle	→ Mit kaltem, abgekochtem Wasser spülen. Zum Tierarzt bringen.
Laufende Augen, klares, riechendes Sekret, Augen entzündet, die Katze tupft mit Pfoten an den Augen	• Bakterielle oder virale Bindehautentzündung	→ Zum Tierarzt bringen.
Wie oben, doch nur auf einem Auge	• Fremdkörper im Auge, Verletz.	→ Zum Tierarzt bringen.
Klebriges, riechendes Sekret, Augenoberfläche trocken, Bindehaut entzündet	• Krankhafte Augentrockenheit (Keratoconjunctivitis sicca)	→ Zum Tierarzt bringen.
Augen weißlich trüb, Sicht scheint vermindert	• Katarakte (Linsentrübung)	→ Zum Tierarzt bringen.
Die Katze wirkt blind, keine anderen Symptome	• Degeneration der Netzhaut	→ Zum Tierarzt bringen.
Ständiges Schließen eines Auges, Lichtscheu, Augen tränen, Blut im Auge	• Entzündung des Augeninneren (Uveitis)	→ Zum Tierarzt bringen.
Weißer Fleck im Auge, Schmerzen, Augen tränen	• Hornhautgeschwür, häufig nach Katzenkratzer	→ Zum Tierarzt bringen.
Nickhaut sichtbar	• Nervenschaden	→ Zum Tierarzt bringen.
Die Katze drückt den Kopf gegen die Möbel, vorstehende Augen, Lichtscheu	• Glaukom (Erhöhung des Augeninnendrucks)	→ Zum Tierarzt bringen.

Verdauungsprobleme

Anzeichen	Mögliche Ursachen	Was tun?
Frisst gut, bleibt dünn	• Wurmbefall	→ Wurmbehandlung durchführen.
Erbrechen und/oder Durchfall (möglicherweise abwechselnd), Gewichtsverlust	• Dickdarmentzündung (Der Darm kann nicht mehr genügend Nährstoffe aufnehmen.) Bakterielle Ursache möglich. Die Tiere magern ab, weil sie nicht mehr genügend Protein bekommen.	→ Zum Tierarzt bringen.
Blähungen	• Gewöhnlich ernährungsbedingt, häufig bei Kleinkatzen	→ Sprechen Sie mit dem Tierarzt über die Ernährung Ihrer Katzen.
Ständiger Gewichtsverlust trotz normalem oder sogar erhöhtem Appetit	• Wurmbefall, Tumore an Verdauungsorganen, Unfähigkeit, Nährstoffe aufzunehmen	→ Zum Tierarzt bringen.
Erbrechen, Nahrungsverweigerung	• Dickdarmentzündung (siehe oben)	→ Zum Tierarzt bringen.
Gekrümmte Haltung, Buckel	• Fremdkörper im Verdauungstrakt, starke Verstopfung, Bauchschmerzen	→ Sofort zum Tierarzt bringen!
Mühe beim Kotabsetzen, harter Kot, Anspannung lässt nach Kotabsetzen sofort nach, kein Erbrechen	• Leichte Verstopfung, vor allem bei älteren und langhaarigen Katzen häufig	→ Einen Teelöffel Butter geben. Sollte der Kotabsatz innerhalb von acht Stunden nicht erfolgen, zum Tierarzt gehen.
Mühe beim Kotabsetzen, wenig oder kein Kot, möglicherweise mit Erbrechen, Mattigkeit	• Starke Verstopfung	→ Zum Tierarzt bringen, um Ursache festzustellen.
Durchfall, jedoch nur ein oder zwei Anfälle, Kot ohne Blut, kein Erbrechen, die Katze ist ansonsten guter Dinge.	• Nahrungsmittelunverträglichkeit, leichte bakterielle Darmentzündung	→ Einen Tag lang nur Wasser geben, dann einen weiteren Tag reizarme Diät. Hört der Durchfall auf, Ernährung wieder umstellen. Wenn nicht, zum Tierarzt gehen.
Wie oben, nach Genuss von Kuhmilch	• Laktoseintoleranz	→ Keine Milch geben. Kleinkatzen bekommen laktosefreie Milch.
Durchfall, häufig und anhaltend, Katze ansonsten gesund	• Giardien-Infektion bzw. Coccidose	→ Zum Tierarzt bringen.

Verdauungsprobleme (Fortsetzung)

Anzeichen	Mögliche Ursachen	Was tun?
Durchfall, häufig und anhaltend, Blut im Kot, Mattigkeit, Bauchschmerzen	• Bakterielle Darmentzündung (Salmonellen, Campylobacter), Kolitis, Tumor	→ Sofort zum Tierarzt bringen!

Probleme mit Leber, Galle u. Bauchspeicheldrüse

Anzeichen	Mögliche Ursachen	Was tun?
Aufgeblähter Bauch, mit und ohne Gelbsucht	• Lebertumor	→ Zum Tierarzt bringen.
Erbrechen, Gelbsucht, dunkelgelber Urin, Bauchschmerzen, verringerter Appetit	• Blockade der Gallengänge, Riss der Gallengänge	→ Zum Tierarzt bringen.
Erbrechen, Durchfall, Gelbsucht	• Feline infektiöse Peritonitis (FIP)	→ Sofort zum Tierarzt bringen!
Akutes, anhaltendes Erbrechen, Fieber, Bauchschmerzen	• Bauchspeicheldrüsenentzündung, bei der die Pankreas-Enzyme ins Gewebe der Drüse gelangen und dort Entzündungen auslösen. Kann zum Tod führen. Nach Abheilen funktioniert die Bauchspeicheldrüse häufig nicht mehr.	→ Zum Tierarzt bringen.
Übermäßiger Durst bzw. Hunger, Bauchdehnung, Lethargie, Gewichtsverlust	• Diabetes mellitus. Wenn die Bauchspeicheldrüse nicht genügend Insulin produziert, steigt der Blutzucker an und wandert über die Niere in den Urin. Übermäßige Entwässerung.	→ Beim Tierarzt Blut und Urin testen lassen. Manche Fälle lassen sich durch diätetische Maßnahmen bessern, häufig sind jedoch Insulininjektionen zu Hause erforderlich.
Katze wacklig auf den Beinen, Koordinationsstörungen, möglicherweise Mattigkeit. Das Tier stößt an. Wird nicht behandelt, bricht das Tier zusammen.	• Niedriger Blutzuckerspiegel (zu viel Insulin, zu wenig Nahrung)	→ Niedriger Blutzuckerspiegel wird durch Insulininjektionen weiter gesenkt, was zum Kollaps führt, zu Koma und Krämpfen. Sofort Glukoselösung oder Honig einflößen. Bei diabetischen Katzen sollte immer Glukose zur Hand sein.

Anzeichen	Mögliche Ursachen	Was tun?
Die Katze ist matt und niedergeschlagen. Atem riecht nach Nagellackentferner (Aceton).	• Ketoazidose (Ketonkörper im Blut), kommt bei nicht gut eingestellten zuckerkranken Katzen vor, weil der Blutzuckerspiegel zu hoch wird.	→ Zum Tierarzt bringen.
Koma	• Ketoazidose oder Unterzucker	→ ACHTUNG: Unbedingt sofort zum Tierarzt bringen! Nicht zu Hause behandeln, Tod droht.

Mund- und Speiseröhrenprobleme

Anzeichen	Mögliche Ursachen	Was tun?
Schlecht riechender Atem	• Zahnstein	→ Zum Tierarzt bringen, der die Zähne unter Narkose säubert.
Schlechter Atem, blutendes Zahnfleisch, Probleme beim Fressen	• Zahnfleischentzündung (Gingivitis)	→ Wie oben
Probleme beim Fressen, schlecht riechender Atem, Kieferklappern, Sabbern	• Abgebrochener oder entzündeter Zahn	→ Zum Tierarzt bringen, der den Zahn zieht. Auch andere Zähne können betroffen sein.
Sabbern, die Katze führt die Pfote zur Schnauze, versucht zu schlucken.	• Fremdkörper (Knochen, Fischgräten usw.) haben sich im Gaumen oder an den Lippen verhakt. Zungenverletzung (Auslecken einer Futterdose).	→ Wenn möglich, Maul öffnen und nachsehen. Fremdkörper entfernen. Andernfalls sofort zum Tierarzt bringen!
	• Bienenstich in Schnauze und Maul (an der Zunge, den Wangen oder am Zahnfleisch)	→ Maul öffnen und nachsehen. Stachel mit Pinzette entfernen (Vorsicht!). Bei mehr als leichter Schwellung sofort zum Tierarzt bringen.
	• Zungengeschwür	→ Bei entzündeter Zunge zuerst überprüfen, ob das Tier Zugang zu ätzenden Giften hatte. Ist es so, Probe nehmen. Zum Tierarzt gehen.
Sabbern, Würgen, Husten	• Fremdkörper im Hals	→ Falls möglich, in das Maul sehen und den Fremdkörper entfernen. Sonst sofort zum Tierarzt bringen!
	• Tumor im Maul	→ Zum Tierarzt bringen.

Probleme mit dem Nervensystem

Anzeichen	Mögliche Ursachen	Was tun?
Gleichgewichtsverlust, eingeschränkte Koordination	• Mittelohrentzündung, Vestibularsyndrom (Entzündung, Tumor, Infektion des Gleichgewichtsorgans), Gehirntumor, Störungen im Kleinhirn	→ Auf jeden Fall zum Tierarzt bringen!
Wie oben, Katze frisst jedoch viel rohen Fisch	• Thiaminmangel	→ Zum Tierarzt bringen, der Thiamin spritzt. Ernährung umstellen.
Muskelkrämpfe, Krampfanfälle	• Epilepsie, Vergiftung, Gehirntumor	→ Zum Tierarzt bringen.
Krampfanfälle während der letzten Monate der Tragezeit oder bis zu acht Wochen nach der Geburt	• Kalziummangel (Eklampsie)	→ ACHTUNG! Sofort zum Tierarzt bringen, der Kalzium spritzt.
Wie oben, jedoch drückt die Katze den Kopf gegen die Möbel und scheint Kopfschmerzen zu haben.	• Gehirnhautentzündung (Meningitis) bzw. Gehirnentzündung (Enzephalitis)	→ DRINGEND! So schnell als möglich zum Tierarzt bringen!
Kollaps, Nickhaut sichtbar, steife Gliedmaßen, steifer Schwanz, Gesichtsmuskeln verkrampft	• Wundstarrkrampf	→ Sofort zum Tierarzt bringen!
Übermäßiges Speicheln und noch andere Symptome	• Vergiftung	→ Augenblicklich zum Tierarzt bringen!
Übermäßiges Speicheln, Verhaltensauffälligkeiten	• Tollwut	→ Zum Tierarzt bringen. (siehe Seite 109)
Anormale Kopfhaltung, Augen wandern schnell von links nach rechts und umgekehrt.	• Mittelohrentzündung, Vestibularsyndrom (Entzündung, Tumor, Infektion des Gleichgewichtsorgans), Gehirntumor, Störungen im Kleinhirn	→ Zum Tierarzt bringen.
Einknicken der Hinterbeine, mit oder ohne Schmerzen	• Bandscheibenvorfall in der Brust- oder Lendenregion	→ Zum Tierarzt bringen.
Kollaps, im Kreis gehen, teilweise Lähmung, Augenlider teilweise geschlossen, Augenflackern	• Schlaganfall	→ Sofort zum Tierarzt bringen!

Probleme der Fortpflanzungsorgane

Anzeichen	Mögliche Ursachen	Was tun?
Dauerhafte Rolligkeit	• Eierstockzyste	→ Zum Tierarzt bringen.
Übermäßiger Durst, verminderter Appetit, Erbrechen, praller Unterleib, Ausfluss, 6–8 Wochen nach dem Ende der Rolligkeit	• Eitrige Gebärmutterentzündung (Pyometra), bei der sich Eiter in der Gebärmutter ansammelt	→ ACHTUNG: Unbedingt sofort zum Tierarzt bringen, da unter Umständen Gebärmutter und Eierstöcke operativ entfernt werden müssen.
Vergrößertes Gesäuge, kann schmerzhaft, druckempfindlich sein oder nicht	• Gesäugetumoren (die nicht immer bösartig sein müssen), Entzündung des Gesäuges	→ In jedem Fall zum Tierarzt bringen!
Lethargie und Appetitverlust 1–2 Wochen nach der Geburt, möglicherweise eitriger Ausfluss	• Entzündung der Gebärmutterschleimhaut (Metritis)	→ Zum Tierarzt bringen, der Antibiotika gibt oder das Organ u. U. entfernt.

Probleme der Atemwege

Anzeichen	Mögliche Ursachen	Was tun?
Niesen, klares Nasensekret	• Virale Infektion, Allergie (evtl. gegen Pollen), Grashalm in der Nase, Katzenschnupfen (Feline virale Rhinotracheitis oder Feline Calicivirus-Infektion)	→ Bei anhaltenden Problemen zum Tierarzt bringen.
Niesen, eitriger Ausfluss aus einem oder beiden Nasenlöchern	• Tumor • Infektion durch Bakterien oder Pilze • Abszess an einem Backenzahn	→ Zum Tierarzt bringen.
Rote, geschwollene Nase mit Krusten	• Allergie (z. B. nach Mückenstich), Sonnenbrand, Frühstadium von Hautkrebs	→ Von der Sonne fernhalten, Sunblocker für Katzen auftragen. Sollte die Rötung nicht vergehen, zum Tierarzt bringen.
Geräuschvolles Atmen	• Möglicherweise Kehlkopfentzündung (Laryngitis) oder allergische Bronchitis, Verlegung der oberen Atemwege	→ Unbedingt sofort zum Tierarzt bringen!

Probleme der Atemwege (Fortsetzung)

Anzeichen	Mögliche Ursachen	Was tun?
Schnelles Atmen	• Lungenentzündung, Herzprobleme, allergisches Asthma • Vergiftung (z. B. mit Aspirin oder Schokolade), Zwerchfellriss nach Unfall oder Sturz, Eiteransammlung im Brustkorb (Pyothorax)	→ Zum Tierarzt bringen. → ACHTUNG: Unbedingt sofort zum Tierarzt bringen!
Wie oben, zusätzlich blasses, fast weißes Zahnfleisch	• Innere oder äußere Blutungen, Vergiftung (z. B. mit Rattengift)	→ ACHTUNG: Unbedingt sofort zum Tierarzt bringen!
Erstickungslaute, Kollaps	• Fremdkörper im Hals, der die Atmung behindert	→ Fremdkörper möglichst sofort entfernen. Das Tier augenblicklich zum Tierarzt bringen!
Bauch bewegt sich im Atemrhythmus.	• Zwerchfellriss nach Unfall oder Trauma, Pneumothorax (Luft im Brustraum, gewöhnlich nach Unfall oder Trauma), Pyothorax (siehe oben), Haemothorax (Blut im Brustraum) nach Vergiftung mit Koagulantien wie z. B. Rattengift, Rippen- oder Lungenverletzung nach Unfall oder Trauma	→ Bringen Sie das Tier augenblicklich zum Tierarzt!
Nasenbluten	• Akutes Trauma, Fremdkörper in der Nase, Probleme mit der Blutgerinnung, Vergiftung mit Rattengift wie Warfarin, Tumor	→ Unbedingt sofort zum Tierarzt bringen!
Husten, leicht und gelegentlich	• Luftröhrenentzündung (Tracheitis), Allergie, Herzprobleme	→ Zum Tierarzt bringen.
Husten, häufig, flach, nicht selten nach Verletzung	• Pneumothorax (Luft im Brustkorb)	→ Zum Tierarzt bringen.
Husten, häufig, stark, mit eitrigem Nasensekret, die Katze wirkt krank	• Katzenschnupfen	→ Schnell zum Tierarzt bringen!

Probleme mit Muskeln, Skelett und Gelenken

Anzeichen	Mögliche Ursachen	Was tun?
Leichtes Lahmen auf einem Bein, Gelenk schmerzt, wenn es gedehnt oder gebeugt wird.	• Distorsion (leichte Überdehnung von Bändern bzw. Knorpeln)	→ Tierärztlichen Rat einholen.
Plötzliches Lahmen, blutendes Bein	• Pfotenverletzung	→ Zum Tierarzt bringen.
Plötzliches Lahmen an einem Hinterbein, das Bein wird zwar aufgesetzt, aber nicht belastet.	• Vorderes Kreuzband im Kniegelenk gerissen, gewöhnlich bei Unfall	→ Zum Tierarzt bringen, da möglicherweise Operation nötig.
Plötzliches Lahmen an einem Hinterbein, das Bein wird nicht mehr aufgesetzt.	• Verrutschte Kniescheibe (Patella)	→ Zum Tierarzt bringen.
Plötzliches Lahmen, Hinterbein schmerzt	• Hüfte ausgerenkt, möglicherweise Bruch des Femurkopfes	→ In jedem Fall zum Tierarzt bringen!
Plötzliches Lahmen nach einem Sturz oder Unfall, Schwellung am lahmenden Bein, Schmerzen	• Knochenbruch	→ Zum Tierarzt bringen.
Plötzliches Lahmen, Gewebeschwellung	• Bisswunde	→ Zum Tierarzt bringen, da die Wunde eitern könnte.
Plötzliches Einknicken des Hinterbeins, meist schmerzhaft	• Beckenbruch	→ Zum Tierarzt bringen.
Schwierigkeiten beim Aufstehen, viel Bewegung vertreibt die Steifigkeit.	• Arthrose (Degenerative Gelenkserkrankung)	→ Zum Tierarzt bringen.
Schwierigkeiten, beim Urinieren oder Koten eine normale Position einzunehmen	• Spondylose (Degenerative Veränderungen der Wirbelkörper)	→ Zum Tierarzt bringen.
Feste, schmerzhafte Schwellung genau über einem Gelenk, die mit der Zeit größer wird	• Osteomyelitis (Entzündung des Knochens oder Knochenmarks)	→ Zum Tierarzt bringen.
Chronisches Lahmen an einem Bein	• Arthrose (degenerative Gelenkserkrankung)	→ Zum Tierarzt bringen.

Haut- und Fellprobleme

Anzeichen	Mögliche Ursachen	Was tun?
Schorfige Haut, weiße Schuppen im Fell	• Befall mit Cheyletiella-Milben	→ Zum Tierarzt bringen, der mit einem entsprechenden Mittel behandelt.
Schorfige, juckende Haut an Kopf und Schultern, winzige Insekten sichtbar	• Läuse (siehe Seite 112)	→ Wie oben
Gleichmäßiger Haarausfall ohne Hautreizung, keine abgebrochenen Haare	• Hormonstörung	→ Zum Tierarzt bringen.
Ungleichmäßiger Haarausfall, abgebrochene Haare	• Psychisch bedingter Haarausfall durch übermäßiges Putzen in Stresszeiten	→ Zum Tierarzt bringen.
Haarausfall, schuppende Haut, kein Jucken	• Flechtengrind (Pilzinfektion, siehe Foto auf Seite 115)	→ Zum Tierarzt bringen.
Kratzen, rote Haut, die nass wirkt, vor allem am Hals und an den Innenseiten der Beine	• Eosinophiler Granulom-Komplex	→ Zum Tierarzt bringen.
Kratzen, übermäßiges Putzen, möglicherweise Haarwechsel	• Allergie gegen Flohbisse, Nahrung (oder Milben wie Demodex oder Notoedres)	→ Haben Sie bereits eine Flohbehandlung durchgeführt, zum Tierarzt bringen, sonst gegen Flöhe behandeln (siehe Seiten 110–111).
Kratzen, Kauen, eitrige, entzündete Haut, mitunter blutend	• Cullen-Syndrom (bakterielle Hautinfektion)	→ Zum Tierarzt bringen.
Geschwür an Lippen bzw. Nase	• Eosinophiler Granulom-Komplex	→ Zum Tierarzt bringen.
Knoten oder Schwellung in der Haut, nicht schmerzhaft	• Lipom (Tumor im Fettgewebe), Hämatom (Bluterguss), Hauttumor, Talgdrüsenzyste	→ In jedem Fall zum Tierarzt bringen!
Knoten oder Schwellung in der Haut, schmerzhaft, evtl. mit Ausfluss	• Abszess	→ Zum Tierarzt bringen.

Magenprobleme

Anzeichen	Mögliche Ursachen	Was tun?
Erbrechen bei Langhaarkatzen	Haarbälle im Magen	→ Bitten Sie Ihren Tierarzt um Rat, was Ernährung und Verdauungsförderung angeht. Kämmen Sie öfter.
Gras fressen, das dann mit Schleim erbrochen wird, wobei Haare oder Beuteteile enthalten sind.	Natürlicher Auswurf von Unverdaulichem	→ Protokoll über Erbrochenes führen (siehe Seite 147).
W. o., jedoch wird nur Flüssigkeit erbrochen.	Leichte Gastritis	→ Protokoll über Erbrochenes führen.
Häufiges Erbrechen, Nahrungsverweigerung, Katze wirkt niedergeschlagen.	Gastritis, Bauchspeicheldrüsenentzündung (Pankreatitis), Magenausgang blockiert (Haarball)	→ Schnell zum Tierarzt bringen.
Wie oben, dazu Durchfall (mit oder ohne Blutbeimengung), Teerstuhl	Katzenseuche (Feline infektiöse Enteritis), Katzenleukämie (Feline infektiöse Leukose), Vergiftung	→ Zum Tierarzt bringen.
Wie oben, doch zusätzlich noch gekrümmter Rücken	Fremdkörper im Magen, Bauchspeicheldrüsenentzündung (Pankreatitis)	→ ACHTUNG: Sofort zum Tierarzt bringen!
Praller Bauch, vor allem bei jungen Katzen, häufig mit Lethargie und ungepflegtem Fell verbunden	Wurmbefall	→ Wurmbehandlung durchführen (siehe Seiten 112–115).

Harnwegsprobleme

Anzeichen	Mögliche Ursachen	Was tun?
Übermäßiger Durst, schlechter Atem, viel Urin, Mundgeschwüre, Gewichtsverlust, Anämie, Erbrechen	Chronische Nierenerkrankung durch Infektion, Degeneration, Tumor oder Erbanlage	→ Den Wasserverbrauch der Katze tägl. messen und dem Tierarzt mitteilen. Tierärztlichen Rat im Hinblick auf Behandlung und Diät einholen.
Jungtier, das nicht zunimmt, viel Durst hat und blässlichen Urin absondert	Vererbte Nierenkrankheit	→ Zum Tierarzt bringen.
Stark riechender Urin, u. U. mit Blutbeimengungen, häufiges Urinieren, unfreiwilliger Urinabsatz, das Tier leckt sich Vulva oder Penis.	Blasenentzündung (Cystitis) aufgrund von Stress, Infektionen oder Blasensteinen	→ Zum Tierarzt bringen.
Vergeblicher Urindrang beim Kater, Erbrechen und lautes Jammern	Blockade der Harnwege, u. U. durch Blasenstein	→ ACHTUNG: Unbedingt sofort zum Tierarzt bringen!

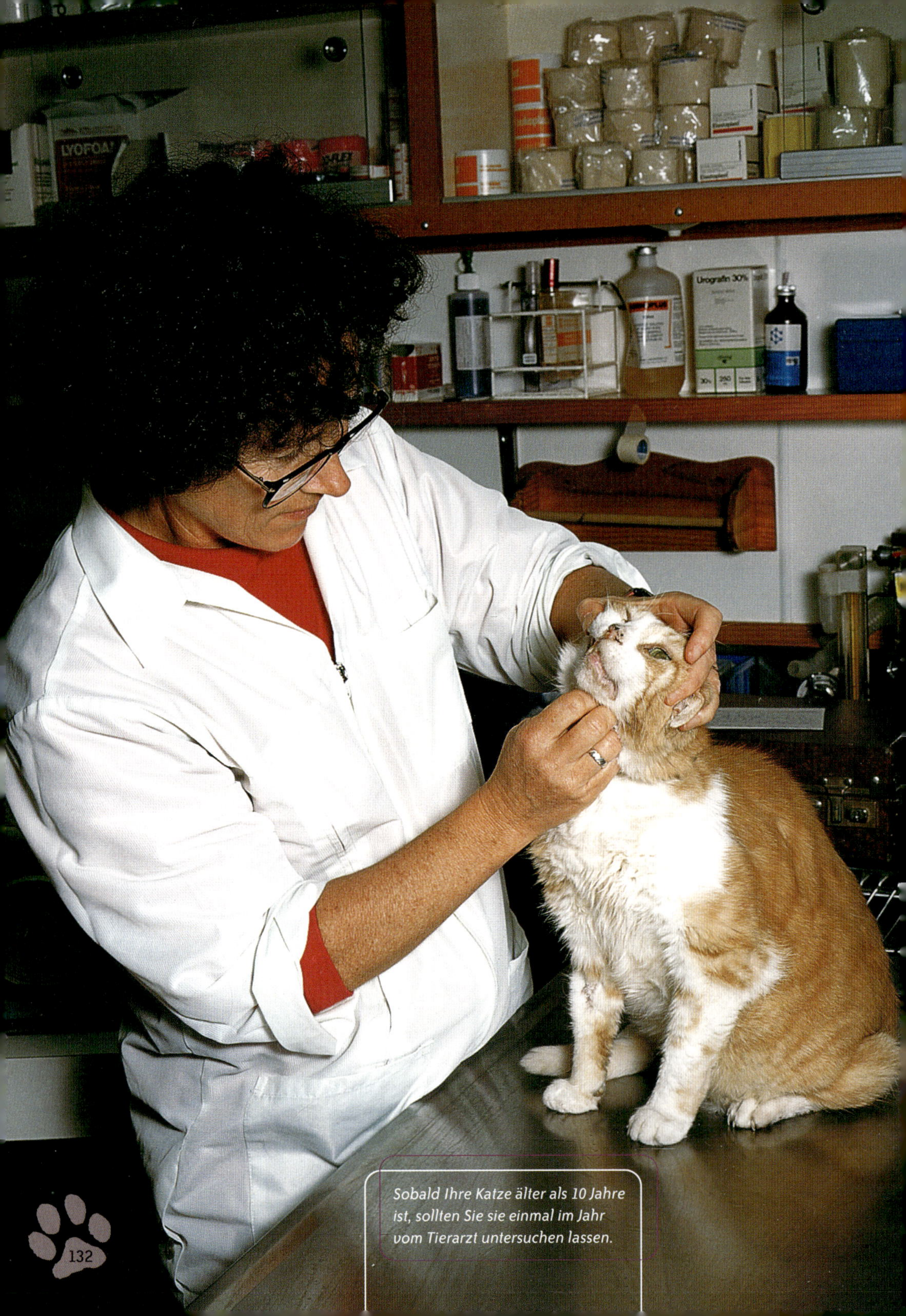

Sobald Ihre Katze älter als 10 Jahre ist, sollten Sie sie einmal im Jahr vom Tierarzt untersuchen lassen.

Erste Hilfe

Was tun im Notfall?

Die Informationen in diesem Kapitel sind zu Ihrer Unterstützung gedacht. Auf keinen Fall können sie den Tierarzt ersetzen. Wenn Ihre Katze erste Hilfe braucht, dann gelten dieselben Grundsätze wie beim Menschen.

Die Notfallausrüstung

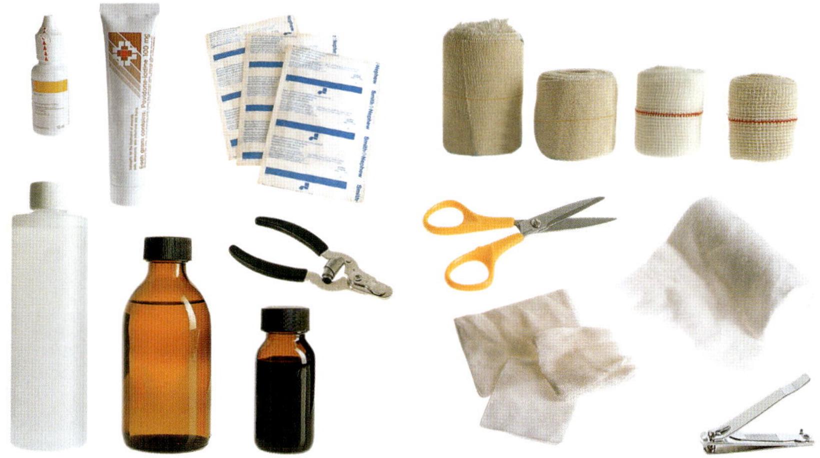

- einige Mullbinden von 2,5 cm und 5 cm Breite
- selbsthaftende Binden
- elastische Binden von 2,5 cm Breite
- Leukoplast von 5 cm Breite
- Wundgaze-Pads verschiedener Größe
- Mullkompressen
- Watte
- verschiedene Pinzetten
- Verbandschere mit abgerundeten Spitzen
- normale Schere
- katzengerechter Nagelzwicker
- antiseptische Lösung oder Wundcreme
- Wasserstoffperoxid (3-prozentig) zum Ausspülen der Wunden
- Öl oder Butter zur Behandlung von Verstopfungen
- ein Mittel, mit dem Sie Ihre Katze zum Erbrechen bringen (Fragen Sie Ihren Tierarzt!)
- katzengerechte Ohren- und Augentropfen, die Sie beim Tierarzt bekommen
- eine Rolle Küchenpapier

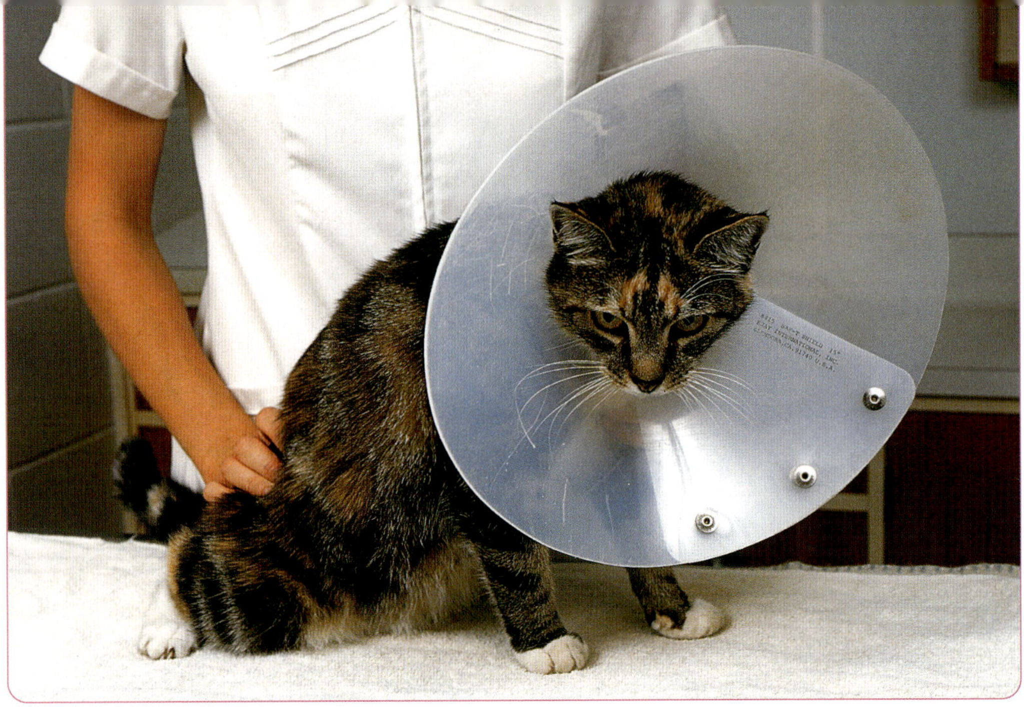

Solche Plastikhalskragen hindern die Katze daran, ihre Wunden zu lecken bzw. Operationsnarben an Auge und Ohr aufzukratzen. Lassen Sie die Katze nicht ins Freie, während sie den Kragen trägt, weil sie in Zweigen oder Zäunen hängen bleiben könnte.

Kleinere Wunden

Hier spielt uns leider der natürliche Instinkt einer Katze einen Streich, die es gewöhnt ist, ihre Wunden zu lecken. Wunden, die einfach an der Luft trocknen können, heilen schneller.

Schneiden Sie bei kleineren Wunden das Fell in der Umgebung der Wunde zurück. Suchen Sie nach Dornen, Glassplittern oder anderen Fremdkörpern und entfernen Sie diese. Spülen Sie die Wunde mit dreiprozentigem Wasserstoffperoxid. Danach müssen Sie Ihre Katze machen lassen. Sehen Sie des Öfteren nach, denn durch das Putzen kann sich die Wunde infizieren. Sollte dieser Fall eintreten, bitten Sie Ihren Tierarzt um Rat.

Für den Halter ist es meist schwierig, die Katze zu verbinden. Meist versucht das Tier auch, die Binde zu entfernen. Man kann den Verband mit Leukoplast fixieren, doch sollte dies der Tierarzt übernehmen. In vielen Fällen wird dieser der Katze einen Kragen anlegen, damit sie sich nicht putzen kann.

Liegt die Wunde an einem Körperteil, an dem die Katze sich nicht lecken kann, schneiden Sie das Fell in der Umgebung der Wunde zurück und spülen Sie mit dreiprozentigem Wasserstoffperoxid bzw. einer antiseptischen Lösung, die Ihnen Ihr Tierarzt empfiehlt.

Biss- und Stichwunden

Diese Wunden wirken zwar ungefährlich, bergen jedoch ein gewisses Risiko, weil sie sich schnell schließen. Die unter Umständen übertragenen Infektionserreger können sich dann schnell im Körper ausbreiten.

Wenn die Katze die Stichwunde leckt, bleibt sie ohnehin offen. Sie können dasselbe bewirken, wenn Sie die Wunde mit dem bereits erwähnten Wasserstoffperoxid auswaschen. Sollte die Wunde sich infizieren, bitten Sie Ihren Tierarzt um Rat. Gewöhnlich ist eine Behandlung mit Antibiotika erforderlich.

Venöse Blutungen

Blutet Ihre Katze aus der Vene, ist das austretende Blut dick und dunkel. Versuchen Sie, die Wunde mit dreiprozentiger Wasserstoffperoxidlösung zu spülen.

Ist eines der Beine verletzt, versuchen Sie, einen Druckverband anzulegen:

- Legen Sie Wundgaze auf die Wunde auf.
- Legen Sie eine dicke Lage feuchter Watte darüber.
- Umwickeln Sie das Paket fest (nicht streng) mit einer Binde. Nehmen Sie eine Qualitätsbinde und sorgen Sie dafür, dass der Druck beim Anlegen der Binde nicht stärker wird.
- Untersuchen Sie das Bein regelmäßig daraufhin, ob sich unterhalb des Druckverbandes eine Schwellung bildet. (Dann sitzt der Verband zu fest.)
- Alternativ können Sie das Bein bis zum Fuß verbinden, damit sich keine derartige Schwellung bildet.
- Gehen Sie mit der bandagierten Katze zum Tierarzt.

Lässt sich die Wunde nicht mit einem Druckverband schließen, legen Sie nur Wundgaze und Watte auf und drücken dann mit dem Finger oder Daumen fünf Minuten lang sanft darauf. Sollte die Wunde weiterbluten, gehen Sie sofort zum Tierarzt oder in die Tierklinik.

Arterielle Blutung

Blut aus einer Arterie ist hellrot und spritzt.

- Ist das betroffene Blutgefäß nicht zu groß, legen Sie einen Druckverband an, wie oben beschrieben. Kontrollieren Sie alle 10 Minuten, ob die Blutung auch tatsächlich aufhört.
- Bei größeren Blutgefäßen drücken Sie mit einer Mullkompresse auf die Wunde. Wenn möglich, üben Sie den Druck zum Herzen hin aus. Kontrollieren Sie nach fünf Minuten, ob die Blutung gestillt ist. Wenn nicht, drücken Sie erneut.
- Bringen Sie das Tier so schnell wie möglich zum Tierarzt.

Beim Bandagieren ist Vorsicht erforderlich. Sitzt die Binde zu straff, schnürt sie die Blutzirkulation ab. Katzen sind schwierig zu verbinden, wenn sie bei Bewusstsein sind. Diese hier hat ein leichtes Beruhigungsmittel bekommen.

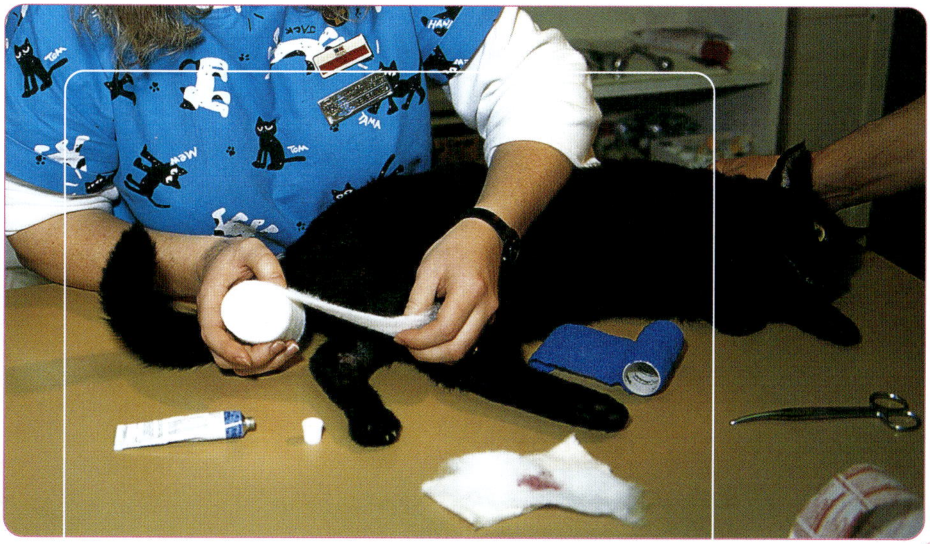

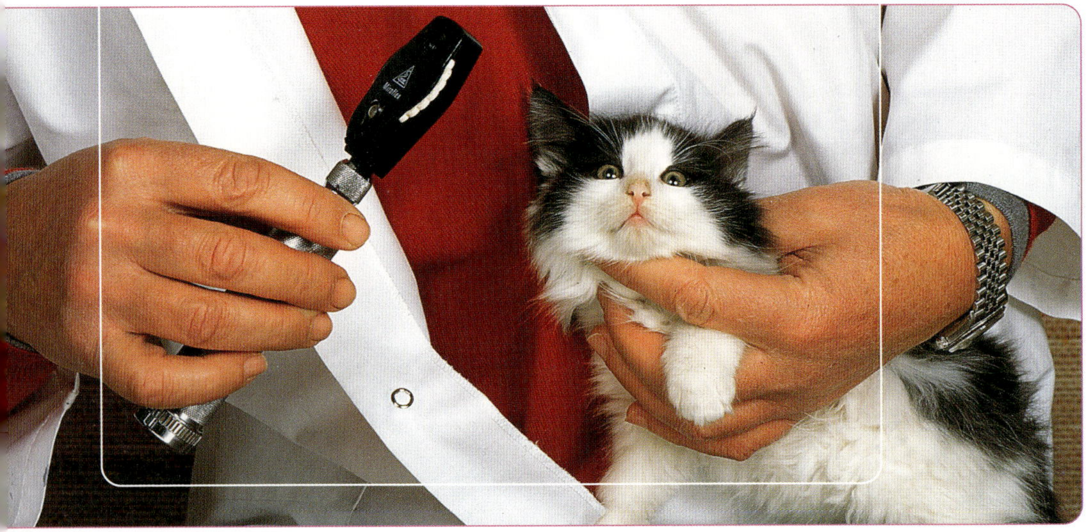

Dieser Arzt benutzt ein Ophthalmoskop, um das Auge der Katze nach Verletzungen abzusuchen.

Nagelbluten

Nagelblutungen gehen auf Unfälle zurück, bei denen meist der Nagel vollkommen ausgerissen wurde. Die Wunde ist sehr schmerzhaft, vermutlich lässt Ihre Katze keine direkte Berührung zu. Falls doch, legen Sie sterile Wundgaze über die Wunde und verbinden Sie locker die ganze Pfote. Innerhalb von fünf Minuten sollte die Blutgerinnung einsetzen und die Blutung aufhören. Dann sollten Sie die Katze zur Weiterbehandlung so schnell wie möglich zum Tierarzt bringen, der ihr vermutlich auch Antibiotika verabreichen wird.

Augenverletzungen

Kleine Probleme mit Staub oder Schmutz im Auge können Sie durch Spülen mit katzengerechten Augentropfen beseitigen. Im Notfall lassen sich auch Augentropfen für Menschen verwenden. Achten Sie jedoch darauf, die Oberfläche des Auges niemals zu berühren. Verletzungen der Netzhaut werden häufig erst nach Tagen sichtbar, daher sollten Sie auch weiterhin gut auf Ihre Katze achten und im Zweifelsfall zum Tierarzt gehen.

Ohrenverletzungen

Ohrenverletzungen gibt es meist nach Raufereien. Hin und wieder bleibt das Tier beim Herumstreifen auch hängen. Die Blutgefäße in den Ohren liegen unter der Haut und werden leicht verletzt. Handelt es sich nicht um eine kleine Wunde, sollten Sie zum Tierarzt gehen.

Verletzungen an Maul und Schnauze

Diese entstehen meist durch spitze Knochen. Kleinere Wunden an Zunge oder Zahnfleisch heilen gewöhnlich von selbst. Gehen Sie im Zweifelsfall zum Tierarzt. Hat sich eine Fischgräte in der Lippe verhakt, schieben Sie die Spitze so weit als möglich nach draußen und schneiden draußen den Schaft der Gräte ab. Ist dies nicht möglich, gehen Sie zum Tierarzt.

Verletzungen an Beinen und Pfoten

Wunden am Unterschenkel sollten mit dreiprozentiger Wasserstoffperoxidlösung gespült werden. Entfernen Sie die Haare rundherum und verbinden Sie Ihre Katze. Ziehen Sie eine alte Socke über den Verband. Schnitte an den Pfotenballen sind schwieriger zu behandeln. Wenn es sich um große Wunden handelt, sollten Sie sofort einen Tierarzt aufsuchen.

Katzen achten nur selten darauf, dass ihr Schwanz nicht unter menschlichen Füßen zu liegen kommt. In den meisten Fällen jedoch rühren Verletzungen von Kämpfen mit anderen Tieren her. Behandeln Sie Ihre Katze wie oben beschrieben. Hat sie starke Schmerzen, kann der Schwanz gebrochen sein. Gehen Sie in solchen Fällen umgehend zum Tierarzt. Mitunter wird der Schwanz eingeklemmt und die Katze, die sich zu retten versucht, fügt sich schwere Verletzungen an den Nervenbahnen zu. In solchen Fällen kommt es zu Lähmungen, der Schwanz muss amputiert werden.

Knochenbrüche

Ist ein Bein gebrochen, versuchen Sie, Ihre Katze ruhig zu stellen. Sitzt der Bruch weiter unten, wickeln Sie eine Zeitung um das betroffene Bein. Im Zweifelsfall aber greifen Sie nicht ein, um den Bruch nicht zu verschlimmern. Suchen Sie einen Tierarzt auf.

Bei Rippenbrüchen sollten Sie etwas um den Brustkorb wickeln und das Tier schnell zum Arzt bringen.

Röntgenaufnahmen sind vor Operationen ein wichtiges Mittel zur Diagnose.

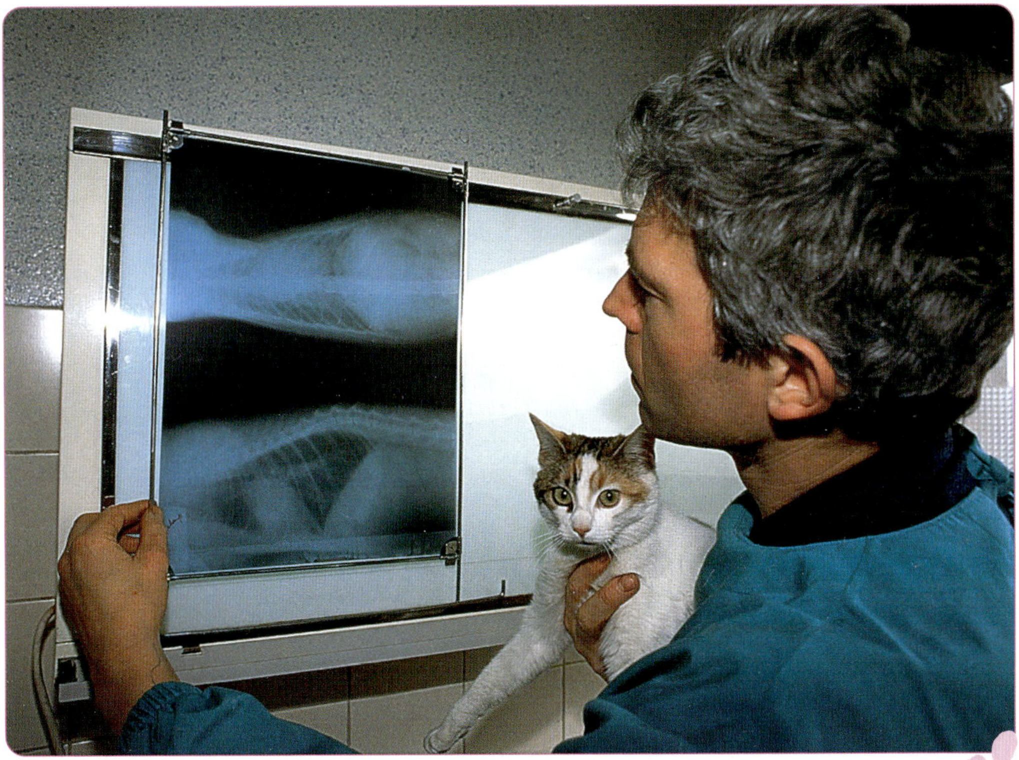

Notfallmaßnahmen bei Unfällen

Bevor Sie Notfallmaßnahmen einleiten können, sollten Sie den Herzschlag der Katze überprüfen. Legen Sie zwei Finger auf die Mitte des Brustkorbs (in der unteren Hälfte, gerade hinter dem Kniegelenk des Vorderbeins) und drücken Sie ganz leicht. Bewegen Sie die Katze möglichst nicht, außer sie liegt an einem gefährlichen Ort (z. B. auf der Straße).

Leiten Sie die kardiopulmonäre Reanimation nur ein, wenn Sie nicht sofort zum Tierarzt gelangen können. Wenn dieser Vorgang unsachgemäß ausgeführt wird, kann es zu schweren Schäden kommen.

Künstliche Beatmung

- Nehmen Sie der Katze ihr Halsband ab. Wischen Sie Speichel, Blut oder Erbrochenes von Maul und Schnauze. Ziehen Sie die Zunge nach vorne (mit einem Taschentuch, damit Sie die Zunge besser halten können).
- Legen Sie die Katze auf die Seite.
- Schließen Sie die Schnauze mit einer Hand.
- Atmen Sie tief ein und blasen Sie etwa drei Sekunden lang in die Nasenlöcher des Tieres, bis Sie sehen, dass sich der Brustkorb hebt oder Sie einen Widerstand spüren.
- Wiederholen Sie diesen Vorgang 12–15 Mal pro Minute.
- Halten Sie inne, um zu sehen, ob die Katze wieder von selbst atmet.
- Wenn nicht, wiederholen Sie den Vorgang.
- Bringen Sie die Katze schnellstens zum Tierarzt.

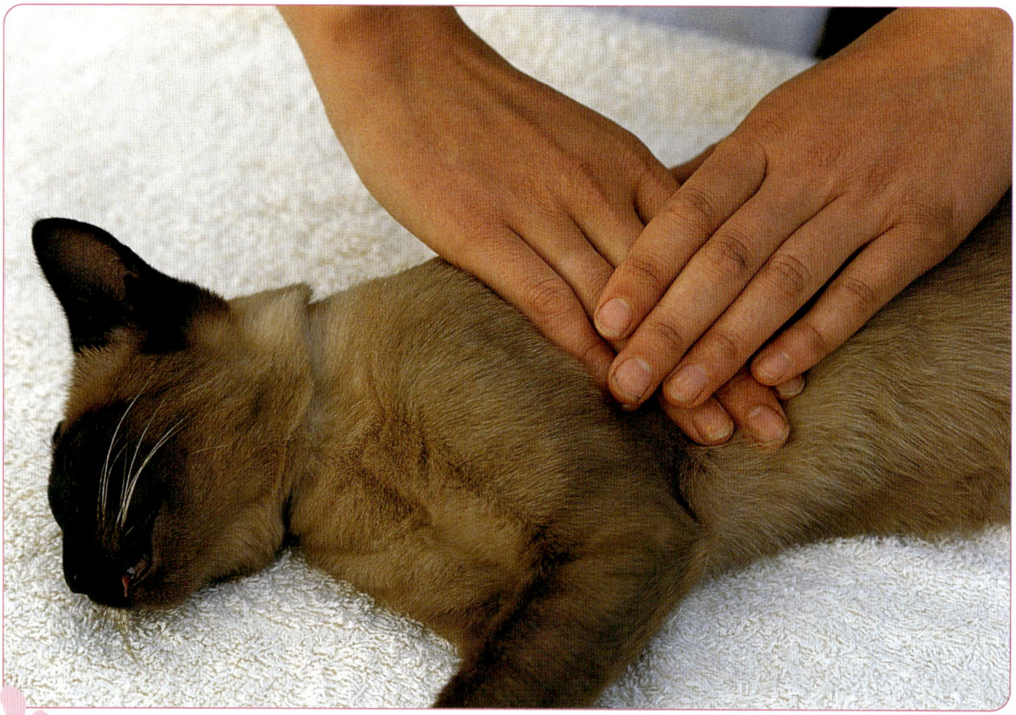

Herzmassage und kardiopulmonäre Reanimation

Auch diese Maßnahme ist nicht ganz einfach, da der Körper des Tieres so klein ist.

- Legen Sie die Katze auf die rechte Körperseite.
- Legen Sie Finger und Handfläche einer Hand über den Brustkorb des Tieres. Die andere Hand stützt den Rücken.
- Nun pressen Sie rhythmisch gegen den Brustkorb (aufwärts Richtung Genick), sodass dieser sich etwa 2 cm hebt. Eine halbe Minute lang jede Sekunde pressen.
- Halten Sie inne und überprüfen Sie, ob das Herz wieder schlägt. (Siehe gegenüberliegende Seite.)
- Wenn nicht, wiederholen Sie den Vorgang eine halbe Minute lang. Dann beatmen Sie das Tier eine Minute lang künstlich.
- Innehalten, Herzschlag und Atmung überprüfen.
- Setzt beides nicht ein, weitermachen wie beschrieben.
- Setzt der Herzschlag ein, die Beatmung fortsetzen.
- Sobald als möglich einen Tierarzt aufsuchen.

Verkehrsunfälle

- Liegt die Katze auf der Straße, stellen Sie jemand ab, der die fahrenden Autos vorüberwinkt.
- Ziehen Sie das Tier vorsichtig auf ein Stück Stoff und ziehen Sie es an den Straßenrand.
- Überprüfen Sie Atmung und Herzschlag.
- Ist der Herzschlag da, aber das Tier atmet nicht, künstliche Beatmung anwenden.
- Schlägt auch das Herz nicht, kardiopulmonäre Reanimation (Herzmassage und künstliche Beatmung) einleiten.

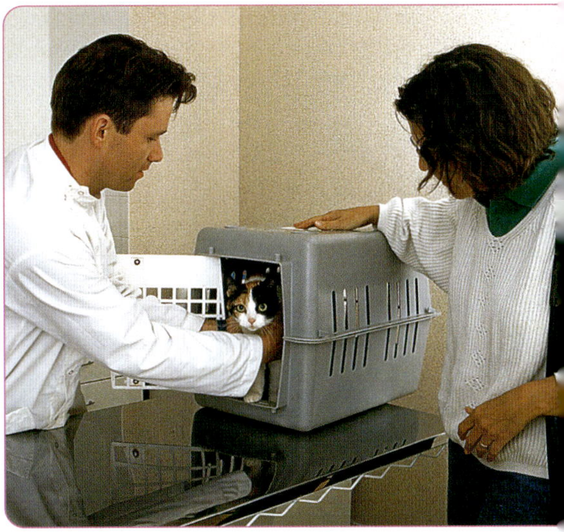

Bringen Sie die Katze in einer Transportbox zum Tierarzt. So fühlt sie sich sicher und kann Ihnen nicht aus den Armen hüpfen, wenn sie erschrickt.

- Eine verletzte Katze, die bei Bewusstsein ist, wird nicht selten vor Angst aggressiv. Bewegen Sie sich also so ruhig wie möglich und reden Sie dem Tier gut zu.
- Legen Sie das Tier auf dem Stück Stoff ins Auto, um es so schnell als möglich zum Tierarzt zu bringen. Es sollte sich dabei so wenig wie möglich bewegen, damit vorhandene Verletzungen oder Brüche nicht verschlimmert werden.
- Scheint die Wirbelsäule verletzt, legen Sie das Tier auf eine harte Unterlage und binden Sie es fest, damit es sich nicht bewegt.
- Wenn Sie die Katze wirklich hochheben müssen, dann tun Sie das mit äußerster Vorsicht. Schieben Sie ihr eine Hand zwischen die Vorderbeine, die andere unter den Rumpf. Achten Sie darauf, dass die Wirbelsäule gerade bleibt.

Schock

Gerade Unfallopfer leiden oft unter einem Schockzustand. Anzeichen sind:

- schnelles Atmen
- blasses oder gar bläulich-weißes Zahnfleisch
- beschleunigter Herzschlag

Was ist zu tun?

- Ist die Katze bewusstlos, drehen Sie sie vorsichtig auf die Seite und ziehen Sie ihr die Zunge heraus, um die Atemwege frei zu machen. Legen Sie ihr etwas unter die Hüfte, damit der hintere Körperteil höher liegt.
- Ist sie bei Bewusstsein, versuchen Sie das Tier zu beruhigen.
- Sichtbare Blutungen stoppen (siehe Seite 135).
- Die Katze warm halten, jedoch keine Extra-Wärmebehandlung geben.
- Bringen Sie das Tier sofort zum Tierarzt.

Stromschlag

- Ist die Katze noch mit der Stromquelle in Kontakt, ziehen Sie den Stecker, bevor Sie das Tier anfassen.
- Herzschlag und Atmung überprüfen (siehe Seite 138).
- Fühlen Sie weder Puls noch Atmung, beatmen Sie künstlich (siehe Seite 138).
- Schlägt das Herz nicht, dann leiten Sie die kardiopulmonäre Reanimation ein (siehe Seite 139).
- Bringen Sie das Tier augenblicklich zum Tierarzt.

Ertrinken

- Halten Sie die Katze an den Hinterbeinen hoch (oberhalb der Knie) und schwingen Sie sie etwa 15–20 Sekunden lang seitlich hin und her, damit das Wasser aus den Lungen ablaufen kann.
- Legen Sie die Katze auf die Seite. Der Kopf muss tiefer liegen als der Rest des Körpers.
- Überprüfen Sie Herzschlag und Atmung.
- Fühlen Sie keine Atmung, beatmen Sie künstlich (siehe Seite 138).
- Schlägt das Herz nicht, dann leiten Sie die Reanimation ein (siehe Seite 139).
- Bringen Sie das Tier schnellstens zum Tierarzt.

Kohlenmonoxid-, Rauch- oder Reizstoffvergiftung

- Bringen Sie das Tier an die frische Luft.
- Ist dies nicht möglich, öffnen Sie die Fenster und lassen Sie Frischluft herein. Die Katze muss so liegen, dass sie schadstofffreie Luft atmen kann, z. B. am offenen Fenster.
- Ist die Katze bei Bewusstsein, spülen Sie die Augen mit klarem Wasser.
- Hat sie das Bewusstsein verloren, überprüfen Sie Herzschlag und Atmung.
- Fühlen Sie keine Atmung, beatmen Sie künstlich (siehe Seite 138).
- Schlägt das Herz nicht, dann leiten Sie die kardiopulmonäre Reanimation ein (siehe Seite 139).
- Bringen Sie das Tier augenblicklich zum Tierarzt.

Ersticken

- Bitten Sie eine andere Person, die Katze zu halten.
- Mit Finger und Daumen der einen Hand drücken Sie die Oberlippe über die obere Zahnreihe. Drücken Sie weiter, damit sich die Schnauze öffnet.
- Sehen Sie nun etwas, das die Atemwege versperrt, versuchen Sie, den Gegenstand vorsichtig zu entfernen. Achten Sie darauf, nicht gebissen zu werden.
- Ist dies nicht möglich, halten Sie die Katze an den Hinterbeinen hoch und schütteln sie.
- Bringen Sie das Tier schnellstens zum Arzt.

Zuckungen und Krämpfe

Krämpfe dauern gewöhnlich nur kurz und sind selten tödlich. Sie müssen nur dafür sorgen, dass weder Sie noch das Tier sich verletzen.

- Bringen Sie Ihre Finger nicht in die Nähe der Schnauze.
- Bringen Sie das Tier an eine Stelle im Raum, an der sich weder Möbel noch andere Hindernisse befinden.
- Wickeln Sie das Tier locker in eine Decke, damit Sie die Körperbewegungen kontrollieren können. Die Dunkelheit beruhigt die Katze zusätzlich.
- Rufen Sie den Tierarzt an und bitten um Rat.

Brandwunden

Solche Verletzungen können sowohl durch Hitze als auch durch Chemikalien wie Erdölprodukte (Benzin), Säuren oder Laugen entstehen.

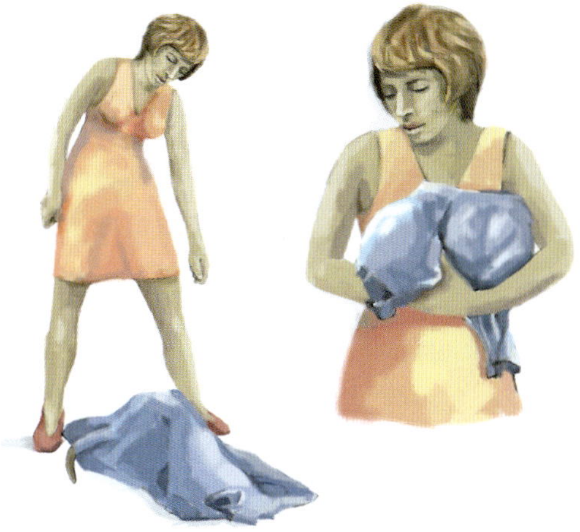

Wenn Ihre Katze unter Krämpfen leidet, wickeln Sie sie locker in eine Decke. Die Maßnahme funktioniert auch, wenn Sie ein durch und durch verstörtes Tier beruhigen wollen.

Echte Verbrennungen

- Bringen Sie das Tier sofort zum Tierarzt.
- Legen Sie während des Transports eine Kaltwasserkompresse oder einen Eisbeutel auf (auch ein Beutel Tiefkühlgemüse tut's).
- Achten Sie darauf, dass das Tier die Wunde nicht ableckt.
- Sind die Verbrennungen ausgedehnt, bedecken Sie die Stellen mit einem sterilen, nicht haftenden Tuch.

Verätzungen durch Chemikalien

- Waschen Sie die betroffene Stelle mit Wasser und milder Seifenlösung (ohne Duft- und Farbstoffe) aus.
- Suchen Sie nach der Ursache der Verletzung.
- Bringen Sie das Tier zusammen mit der verursachenden Chemikalie zum Tierarzt.

Hitzschlag

Einen Hitzschlag erkennen Sie daran, dass das Tier schnell und unregelmäßig atmet, keucht, sich erbricht und das Bewusstsein verliert.

- Bringen Sie die Katze in kühlere Umgebung.
- Ist sie ohne Bewusstsein, dann beatmen Sie künstlich oder leiten Sie die kardiopulmonäre Reanimation ein (Seiten 138–139).
- Spritzen Sie das Tier mit dem Gartenschlauch oder unter der Dusche mit kaltem Wasser ab (bis zu einer halben Stunde). Legen Sie ihm einen Eisbeutel oder eine Kaltkompresse auf.
- Bringen Sie die Katze zum Tierarzt.

Unterkühlung

- Wärmen Sie die Katze unter einer elektrischen Decke, wobei Sie das Tier alle paar Minuten umdrehen.
- Auch eine in ein Handtuch gewickelte Wärmflasche leistet gute Dienste. Das Wasser nicht über 37 Grad Celsius erwärmen.
- Bringen Sie Ihre Katze zum Tierarzt.

Erfrierungen

Erfrierungen kommen vor allem an Stellen mit dünnem Fell oder schlechter Durchblutung vor wie z. B. den Ohrspitzen oder der Nase.

- Legen Sie ihr ein in heißes Wasser getauchtes Handtuch auf. Die Kompresse darf jedoch nicht heißer als 24 Grad Celsius sein, um das Tier nicht zu verbrennen.
- Achten Sie auf die Hautfarbe. Verfärbt sich die Haut an der Stelle dunkel, bringen Sie die Katze sofort zum Tierarzt.

Insektenstiche und Spinnenbisse

Viele Insekten bzw. Spinnen sind giftig. Außerdem können Stiche oder Bisse allergische Reaktionen auslösen.

- Wurde das Tier von einer Biene gestochen, holen Sie mit einem stumpfen Messer den Stachel heraus. Bitte ziehen Sie nicht einfach am Stachel. Das genügt nicht.
- Legen Sie Eis auf die Wunde.
- Bitten Sie den Tierarzt um Rat.

Giftige Kriechtiere

In Europa ist es vor allem die Erdkröte (Bufo bufo), die Hautgifte zur Abwehr von Fressfeinden enthält. Das Gift sitzt in den warzigen Erhebungen am Rücken und an den Hinterbeinen. Auch der Salamander ist in dieser Hinsicht als gefährlich einzustufen, da er giftige Hautsekrete absondert und gerade von Jungkatzen häufig als Spielzeug missbraucht wird. Symptome sind Speicheln, Genickstarre und Maulsperre, dazu Erbrechen, Zittern, Koordinationsprobleme, schließlich Bewusstlosigkeit.

- Wenn möglich, säubern Sie sofort Maul und Augen und spülen beides mit Wasser aus.
- Ist die Katze bewusstlos, wickeln Sie sie in eine Decke, um sie warm zu halten.
- Bringen Sie sie sofort zum Tierarzt.

Schlangenbisse

Auch nichtgiftige Schlangen können beißen. Der Biss lässt sich zwar leicht unterscheiden, doch unter dem Fell der Katze ist dies schwierig. Im Notfall ist es besser, Sie gehen von einem giftigen Tier aus. Wenn sich das Tier noch handhaben lässt, sorgen Sie dafür, dass die Lymphflüssigkeit sich nicht weiter verbreitet, indem Sie das betroffene Bein fest bandagieren, schienen und immobilisieren.

Gifte werden meist über das Lymphsystem verbreitet. Eine feste Bandage über einer Mullkompresse an der Bissstelle kann dies verhindern. Sie sollte etwa so fest sitzen wie bei einem verstauchten Fuß, darf jedoch die Blutzirkulation nicht abschneiden. Setzen Sie den Verband direkt über der Bissstelle an. Der Druck auf die Bissstelle sollte gleichmäßig und fest sein. Haben Sie genug Verbandsmaterial, können Sie auch um den Körper herum bandagieren. Auf diese Weise hindern Sie Gifte, die schon in den Körper übergegangen sind, an der weiteren Verbreitung.

Immobilisiert wird das Tier am besten durch eine Schlinge oder eine Schiene. Das betroffene Bein sollte sich so wenig als möglich bewegen können.

Diese Methode ist einfach, sicher und führt nicht zu Gewebeverlust. Das Aufschneiden, Kühlen oder vollkommene Abbinden des Beins ist meist ineffektiv und kann zum Verlust des Beines führen.

Bisse an Kopf, Hals und Rücken sind ein anderes Problem. Hier müssen Sie dafür sorgen, dass an der Bissstelle Druck ausgeübt wird. Arbeiten Sie mit einer Mullkompresse und achten Sie darauf, kein Gift abzubekommen.

Nehmen Sie die Bandage erst ab, wenn das Tier im Behandlungsraum ist, weil sich danach das Gift verstärkt ausbreitet.

Giftpflanzen

Katzen haben eine Leidenschaft für Gras, die sie mitunter an Zimmerpflanzen knabbern lässt. Dies kann für das Tier mehr als gefährlich sein. Folgende Pflanzen in Haus und Garten sind giftig:

- Azaleen
- Dieffenbachie
- Efeu
- Eibe
- Farn
- Fingerhut
- Jasmin
- Kirschlorbeer
- Maiglöckchen
- Mistel
- Oleander
- Rhabarber
- Rhododendron
- Stechapfel (Datura)
- Wisteria (Glyzinie)
- Zwiebelblumen

Bei Schlangenbissen ist es wichtig, die Ausbreitung des Gifts im Körper zu verhindern.

Giftige Substanzen in Haus und Garten

Sicherheit in Haus und Garten ist für die Katze wesentlich. Verschüttete Flüssigkeiten oder Pulver geraten nur allzu leicht auf das Fell der Katze, die sich natürlich sofort putzt. Auf diese Weise kommt es schnell zu Vergiftungen. Manche Katzen entwickeln sogar eine Vorliebe für bestimmte Putzmittel und lecken diese von der gereinigten Oberfläche ab. Verwenden Sie daher niemals konzentrierte oder giftige Reinigungsmittel, selbst wenn diese „biologisch" sind. Für die Umwelt macht das einen Unterschied, für die Katze nicht. Versperren Sie Putz- und Waschmittel sowie alle Substanzen, die giftige Dämpfe abgeben können.

Vergiftungssymptome

Diese sind unterschiedlich, je nachdem, auf welche Substanz die Vergiftung zurückgeht. Sie sollten auf jeden Fall den Verdacht auf Vergiftung ernst nehmen, wenn Ihre Katze

- stark keucht.
- sich plötzlich erbricht und/oder Durchfall bekommt (öfter als zwei bis drei Mal pro Stunde).
- sabbert und geifert.
- schreit.
- starke Bauchschmerzen leidet.
- Anzeichen für einen Schock erkennen lässt.
- niedergeschlagen wirkt.
- zittert, unkoordiniert wirkt, schwankt oder Krämpfe hat.
- das Bewusstsein verliert oder ins Koma fällt.
- Zeichen einer allergischen Reaktion zeigt wie Schwellungen im Gesicht oder Ausschlag am Bauch.

Was zu tun ist:

- Schnell handeln.
- Das Gift festzustellen versuchen.
- Notfallbehandlung einleiten (siehe nächster Absatz).
- Sofort den Tierarzt anrufen, notfalls in die Tierklinik fahren.
- Wenn Sie den Giftstoff gefunden haben, nehmen Sie ihn mit zum Arzt. Bei chemischen Substanzen gibt die Aufschrift meist Hinweise auf die nötige Behandlung, was Zeit spart.
- Hat die Katze sich erbrochen, nehmen Sie Erbrochenes in einem sauberen Gefäß mit zum Arzt.

Notfallbehandlung

Wenn es sich um ein ätzendes Mittel (starke Säure oder Lauge) oder ein erdölhaltiges Produkt (siehe Seite 146) handelt oder Sie nicht wissen, wo die Ursache liegt:

- Keinesfalls Erbrechen einleiten.
- Ist die Katze bei Bewusstsein, Maul mit viel kaltem Wasser ausspülen und dann einen Teelöffel Eiweiß geben. Bei Säuren hilft Pflanzenöl, bei Laugen Milch, bei erdölhaltigen Stoffen nur viel Wasser.
- Bringen Sie die Katze zum Tierarzt.

Bei nicht ätzenden und nicht erdölhaltigen Stoffen:

- Katze zum Erbrechen bringen.
- Erbrochenes in ein sauberes Gefäß geben. Beides zum Tierarzt bringen.

Zum Erbrechen bringen

Verabreichen Sie Ihrer Katze EINE der folgenden Substanzen:

- zwei gehäufte Teelöffel Salz in einer Tasse warmem Wasser
- einen Esslöffel Senfpulver in einer Tasse warmem Wasser
- dreiprozentige Wasserstoffperoxidlösung
- Wiederholen Sie dies alle zehn Minuten, bis die Katze sich erbricht. Heben Sie das Erbrochene für den Arzt auf.

Katzen, die durch alte Gärten streifen, können durchaus Opfer eines Schlangenbisses werden. Auch Pflanzen sind mitunter giftig. Dazu kommen giftige Abfälle, die von verantwortungslosen Nachbarn entsorgt werden.

Mögliche Vergiftungsquellen

Viele Pflanzen in unseren Gärten sind giftig (siehe Seite 143). Auch Substanzen, die wir in Haus und Garten gebrauchen, ohne sie als giftig einzuschätzen, können sich für Katzen und andere Haustiere als potenziell gefährlich erweisen. Besonders gefährdet sind Jungkatzen.

Im Haus

Erdölhaltige Produkte

- Holzreinigungs- und -schutzmittel
- Marmor-, Messing- und Pinselreiniger
- Paraffin
- Benzin
- Imprägniermittel

Ätzende Gifte

- Konzentrierte Putz- und Waschmittel für Geschirrspüler, Waschmaschinen und Teppichreinigungsmaschinen
- Haushaltsbleiche
- Desinfektionsmittel
- Horn- und Nagelhautentferner

Notfallmittel

- Mit absorbierender Wirkung (Sie nehmen das Gift auf.): Aktivkohle (bis zu 6 Tabletten à 300 mg bzw. 2–3 Teelöffel Kohlepulver)
- Mit Schutzwirkung für die Magenschleimhaut: 1 Teelöffel Eiweiß bzw. Pflanzenöl
- Gegen Säuren: 1 Teelöffel Natriumbikarbonat
- Gegen Laugen: kleine Mengen Zitronensaft oder Essig

Nicht ätzende Gifte

- Arzneimittel für Menschen und Tiere. Achten Sie auf Azetongeruch im Atem, Schwäche, Erbrechen, Keuchen und ähnliche Symptome.
- Trockenshampoos und -reinigungsmittel mit Tetrachlorid
- Lösungsmittel wie Azeton oder Waschbenzin
- Schokolade enthält Theobromin, einen koffeinhaltigen Stoff, der den Körper stimuliert und jedes Körperorgan angreifen kann. Je dunkler die Schokolade ist, desto höher der Theobrominanteil. Für Menschen stellt der Theobromingehalt allerdings kein Problem dar, für Haustiere ist er gefährlich. Zu den Symptomen zählen: Erbrechen, Durchfall, beschleunigter Herzschlag und Blutdruck, vermehrte Urinausscheidung, übermäßiger Durst, Muskelzucken, Krämpfe. Leider gibt es kein Gegengift! Aus Schokolade für Hunde bzw. Katzen wurde das Theobromin extrahiert.
- Kohlenmonoxid von leckenden Gasleitungen oder schlecht gelüfteten Öl- bzw. Holzöfen. Das Giftgas ist farblos, geruchlos und geschmacklos, weshalb es nicht einfach ist, einen Kohlenmonoxidaustritt zweifelsfrei festzustellen.
- Rauch (von Zigaretten, Zigarren oder offenem Kaminfeuer)

In der Garage

Erdölhaltige Produkte

- Lösungsmittel
- Benzin oder Motoröl

Ätzende Gifte

- Batteriesäure
- Fettlösemittel
- Konzentrierte Laugen (zum Abbeizen)
- Teer und Kreosot

Nicht ätzende Gifte

- Pflanzenspritzmittel, Unkrautvernichtungsmittel
- Metalldehyde. Sind vor allem in Schneckengift enthalten. Viele Präparate enthalten Mittel, die Katzen abstoßen sollen, doch gerade bei Schneckenködern kann es zur schleichenden Vergiftung kommen. Die Katze nimmt jedes Mal nur wenige Köder auf, doch am Ende reichert sich der Giftstoff in ihrem Körper an. Metalldehyde finden sich auch in Anzündern für Campingkocher.
- Antifrostmittel (Ethylen, Glykol). Einige Katzen (vor allem Jungtiere) lieben den Geruch von Antifrostmittel. Doch es ist extrem giftig und verursacht schwere Nierenschäden. Schon kleine Mengen sind tödlich. Die Symptome zeigen sich bereits ein bis zwei Stunden nach der Einnahme.
- Ratten- und Mäusegift. Hier gibt es viele verschiedene Produkte, die als wirksames Mittel meist Arsen, Thallium oder Warfarin enthalten.
- Insektizide wie z. B. Pyrophosphate sind potenziell tödlich und können über die Haut aufgenommen werden. Auch Fraßvögel tragen diese Stoffe in sich. (Keine Milch geben!)

Dämpfe

- Dämpfe von Holzschutzmitteln oder Lösungsmitteln mit Azeton

Im Garten

- Krötenkot und Pilze
- Beeren wie die von Eibe oder Mistel
- Bestimmte Gemüsearten wie Rhabarber (roh oder gekocht) und Tomatenstöcke

Im Auto

- Kohlenmonoxid aus Auspuffgasen

In der Nachbarschaft

Giftige Substanzen finden sich auch in der Umgebung Ihres Heims:

- Rattengift
- Andere Gifte gegen Tauben bzw. Hasen
- Nahrungsmittel, die mit Salmonellen oder Botulinbakterien (Clostridium botulinum) verunreinigt sind. Katzen sind beim Fressen gewöhnlich sehr heikel, doch für Jungtiere kann eine Salmonellen- oder Botulininfektion sich schnell als tödlich erweisen.

Erbrechen

Bei Katzen ist Erbrechen ein vollkommen natürlicher Vorgang, mit dem Fremdkörper aus dem Magen ausgeschieden werden. Eine Katze, die sich erbricht, muss nicht krank sein. Wenn Ihre Katze ansonsten gesund und munter scheint und nicht öfter als ein oder zwei Mal erbricht, liegt sicher kein Notfall vor. Achten Sie darauf, wie sie sich in den nächsten Stunden verhält. Wenn sie aufhört, sich zu erbrechen, können Sie ihr wieder kleine Futtermengen anbieten.

- Im Zweifelsfall sollten Sie Ihren Tierarzt um Rat bitten, zum Beispiel wenn:
- die Katze matt wirkt.
- Blut im Erbrochenen ist.
- die Katze sich mehr als acht Stunden lang immer wieder erbricht.
- die Katze mit dem Erbrechen nicht mehr aufhört.
- die Katze Zugang zu potenziell giftigen Substanzen hatte.

Katzenrassen

Ursprünglich teilte man Katzen nur in zwei Gruppen ein: Langhaar- und Kurzhaarrassen. Diese Unterscheidung wurde jedoch mit der Zeit hinfällig, denn zum einen führte man neue Rassen aus Asien ein, die einen andersartigen Körperbau haben wie die Siamkatze, zum anderen gab es nun Katzen, die man als „Halblanghaar“ hätte bezeichnen können und ebenfalls von anderem Körperbau waren. In dieser Zeit konnte eine eigentlich langhaarige Katze durchaus zu den Kurzhaarkatzen zählen.

Heute teilt man die Tiere nach dem Erscheinungsbild ein. Dazu zählen beispielsweise Kopf- und Ohrform, Körper- und Schwanzlänge, Stämmigkeit oder schlanker Bau. Die Farben und die Länge des Fells spielen dabei keine Rolle. Die orientalischen Rassen umfassen daher auch in Europa entwickelte Typen, doch nur solche, die den langen, schlanken Körperbau der Siam aufweisen.

Eine rote Katze vom orientalischen Typus mit Tabbyzeichnung und den langen Beinen der Siamkatze.

Wildkatzen zeigten früher eine Agoutizeichnung, bei der jedes einzelne Haar der Länge nach gebändert ist und zwar in der dunkleren und helleren Variante der Fellfarbe. Vermutlich war die erste Mutation zur Einfarbigkeit von schwarzer Farbe. Blau ist eine Art aufgehelltes Schwarz, Creme ein aufgehelltes Rot, Lilac und Lavendel aufgehelltes Chocolate.

Die Farben treten in verschiedenen Mustern auf. Der Fachausdruck „Self“ bezieht sich auf einfarbige Katzen. „Pointed“ bedeutet, dass nur Pfoten, Schwanz, Ohren und Gesicht dunkel gefärbt sind, während der restliche Körper von heller Farbe ist. Am häufigsten kommt diese Färbung bei den Siamkatzen vor.

Tabby nennt man die wohl verbreitetste Fellfärbung, bei der sich klar abgegrenzte Muster zeigen: getigert, getupft, gestromt.

Dazu kommen noch die „Glückskatzen“, die dreifarbig gefleckt sind, wobei auch zweifarbige „Patch“-Muster vorkommen. Zu ihnen zählen auch die sogenannten Schildpatt-Katzen, die braune, schwarze und rötliche Muster zeigen. Schildpatt mit Weiß wird auch „Calico“ genannt. Wird eine Katze hingegen als „smoked“ bezeichnet, so hat das Deckhaar dunkle Spitzen, während die Unterwolle hell bleibt. „Shaded“ nennt man eine Katze, wenn die Spitzenfärbung gering ist oder an den Flanken, im Gesicht und am Schwanz abnimmt. Am dunkelsten ist dann der Kopf, Unterbauch und Schwanz zeigen sich hell.

Abessinier

Die Abessinier stammen angeblich von einer altägyptischen Rasse ab. Tatsächlich aber liegt ihr Ursprung im Dunkeln. Mitunter heißt es, die Begründer der aktuellen Rasse seien 1868 aus Abessinien (dem heutigen Äthiopien) nach Großbritannien eingeführt worden. Vielleicht ist die Rasse aber auch erst viel später geschaffen worden. Wie auch immer, die Abessinier gehören jedenfalls zu den beliebtesten Rassen.

Von den Abessiniern gibt es auch eine Langhaar-Variante, die Somali-Katze. Beide Rassen sind einzigartig, denn sie tragen das Abessiniergen „Ta“, das zu den Tabby-Genen gehört und für die charakteristische Bänderung sorgt. Diese Farbe trägt international unterschiedliche Bezeichnungen. In Deutschland nennt man sie häufig nur „Wildfarbe“, in Frankreich bezeichnet man sie als lièvre, was an die Farbe von Hasen erinnert.

Körperliche Merkmale

Die Abessinierin ist vom orientalischen Typ. Ihr Körperbau ist mittel, kräftig, geschmeidig und muskulös, wobei sie nie derb oder grob wirkt. Sie hat einen wachen, aufmerksamen Blick. Der Kopf zeigt sich breit und läuft keilförmig zu. Der Hals ist kräftig und elegant. Stirn, Wangen und Profil sind klar konturiert, die Nase ist leicht eingebuchtet, das Kinn kräftig. Die Schnauze darf nicht allzu spitz zulaufen. Die Ohren stehen weit auseinander. Sie sind groß und schalenförmig, meist mit Ohrbüscheln. Die Augen sind groß, mandelförmig und ausdrucksvoll in den Farben Bernstein, Haselnuss oder Grün. Der Körper ist von mittlerer Länge. Der Schwanz zeigt sich am Ansatz breit, läuft dann aber spitz zu. Er ist eher lang. Die Beine sind lang, schlank und von feinem Knochenbau, die Pfoten klein und oval.

Das Fell der blauen Abessinier ist gleichsam eine „Verdünnung“ aus der traditionellen Wildfarbe.

Fawn ist die aufgehellte Variante der Fellfarbe Sorrel (Rötlichbraun). Früher nannte man sie auch Creme.

Das Fell ist kurz, fein, weich und liegt eng an. Dabei zeigt es sich zwei- bis dreifach gebändert. Idealerweise erscheint die dunklere Farbe auch auf der Rückseite der Hinterbeine und als dunkle Schwanzspitze. Die Augen tragen einen „Lidstrich“ in dunkler Fellfarbe. Streifen auf Brust, Beinen und Schwanz sind unerwünscht. Unzulässig ist die Unterbrechung des Nackenbandes. Die Abessinier neigen zu weißen Aufhellungen am Kinn und um den Mund herum. Diese Aufhellungen sind an anderer Stelle des Körpers unerwünscht.

Fehler (Häufig auftauchende Merkmale, derenwegen eine Katze auf Ausstellungen ausgeschlossen wird)

Schielen. Farbfehler (siehe oben).

Temperament

Die Abessinier sind aufmerksam, aktiv und von liebevollem Wesen, dabei neugierig und hochintelligent. Sie geben gute Hauskatzen ab, wenn man sich mit ihnen beschäftigt. Fremden gegenüber zeigen sie eine gewisse Scheu.

American Curl

Die American Curl ist eine einfache Hauskatze mit einer verblüffenden Mutation: Ihre Ohren wölben sich vom Gesicht weg nach hinten und innen.

Die Rasse entstand 1981, als ein streunendes Kätzchen mit eben jener Mutation sich bei Grace und Joe Ruga in Lakeland, Kalifornien, als Hausgenosse einstellte. Das Ehepaar nannte sie Shulamith nach der sanftmütigen „dunklen und schönen" Prinzessin aus dem Hohelied Salomos. Shulamith brachte vier Kätzchen zur Welt, von denen zwei dieselben nach hinten gewölbten Ohren aufwiesen. Diese Katzen wurden 1983 zum ersten Mal auf einer Ausstellung in Kalifornien gezeigt.

Die Rasse ist in Nordamerika mittlerweile anerkannt. Nach Europa, genauer gesagt nach Großbritannien, sollte sie jedoch erst 1995 kommen. Häufig tauchen bei Mutationen Erbkrankheiten auf, doch die American Curl scheint dankenswerterweise frei davon.

Die American Curl kommt mit nicht gewölbten Ohren zur Welt. Die Wölbung zeigt sich erst zwischen dem zweiten und dem zehnten Lebenstag. Erst im Alter von vier Monaten verändern sie sich dann nicht mehr.

Körperliche Merkmale

Die Ohren wölben sich in sanftem Bogen um mindestens 90 Grad nach hinten. Der Kopf zeigt schwache Keilform. Die Augen sind walnussförmig und stehen leicht schräg. Der Körperbau ist nicht allzu muskulös und kann als halb-orientalisch gelten.

Temperament

Ein freundliches, ruhiges Tier.

Die Ohren sollten sich in sanftem Bogen um mindestens neunzig Grad nach hinten wölben.

Angora

Die Angora wurde Mitte der Sechzigerjahre in Großbritannien entwickelt, indem man eine Abessinierkatze vom Farbschlag „Sorrel“ mit einem Seal-Point-Siamesen kreuzte, um Siamkatzen mit gebänderten Abzeichen zu erzielen. Die Nachkommen erbten die Zimtfarbe, was zunächst zu zimtfarbenen Orientalisch Kurzhaarkatzen führte. Einige von ihnen aber hatten auch ein Langhaargen abbekommen. Aus ihnen sind die heutigen Angorakatzen entstanden, die in Europa mitunter auch „Javanese“ genannt werden. Bedauerlicherweise bezeichnen einige amerikanische Zuchtverbände bestimmte Farbschläge der Balinesen ebenfalls als „Javanese“. Mit den Angorakatzen des 19. Jahrhunderts oder der neu entwickelten Türkisch Angora bzw. der Orientalisch Langhaar hat die Rasse nichts zu tun. Zu allem Überfluss wird die Britische Angora in Nordamerika nun auch noch als Orientalisch Langhaar bezeichnet.

Körpermerkmale

Die Rasse zeigt viele Merkmale des orientalischen Typs: den langen, schlanken Körperbau, den langn, dünnen Schwanz mit der eleganten Quaste am Ende. Dazu das feine, seidige Fell von mittlerer Länge, das eng am Körper anliegt und keine Unterwolle hat. So lässt die Katze sich leicht kämmen.

Der Kopf ist von mäßiger Keilform, die Schnauze zeigt sich spitz, der Hals schmal und langgezogen. Die großen Ohren haben eine breite Basis und verlängern die Keilform des Kopfes.

Die Augen sind schräg gestellt und bei allen Farbvarianten (bis auf Weiß) grün. Die weiße Angora muss leuchtend blaue Augen haben, die nicht zu hell wirken dürfen.

Der Körper ist von mittlerer Größe. Die Beine sollten lang, schlank und gut bemuskelt sein, um dann in kleinen, ovalen Pfoten zu enden. Die Hinterbeine sind länger als die Vorderbeine.

Temperament

Auch im Temperament gleicht die Angora den orientalischen Rassen. Sie zeigt sich lebhaft, neugierig und energiegeladen.

Alle Angorakatzen (mit Ausnahme der weißen) müssen grüne Augen aufweisen. Diese Farbvariante nennt man „Blue Spotted“.

Balikatze

Diese Rasse wurde in den Vierzigerjahren aus Blutlinien der Siamkatzen entwickelt, die das rezessive Langhaargen in sich trugen. Die langhaarigen Siamkatzen, die aus diesen Bemühungen hervorgingen, nannte man „Balikatzen“ oder „Balinesen“, weil ihr Erscheinungsbild und ihre Bewegungen einen der Züchter an die Tänzer auf der indonesischen Insel Bali erinnerten. Die Cat Fancier's Association of America erkannte die Rasse 1970 in vier Point-Farben an: Seal, Blue, Chocolate und Lilac. In den Achtzigerjahren wurden neue Farbschläge in Amerika als „Javanesen“ registriert. In Großbritannien werden sämtliche Farbschläge unter der Rasse „Balinese“ zusammengefasst. In Neuseeland hingegen gelten alle einfarbigen und getupften Formen der Balikatze als Javanesen.

Körperliche Merkmale

Eine Halblanghaarkatze mit wohlproportioniertem Kopf, Körper, Beinen und Schwanz. Ihr Gesicht spiegelt Wachheit und Intelligenz wider. Tatsächlich haben wir es hier mit einer langhaarigen Siamesin zu tun, was der Körperbau deutlich werden lässt. Der Kopf ist lang und keilförmig und verjüngt sich zur Schnauze hin immer mehr. Die Nase zeigt sich gerade, das Kinn ist gut ausgebildet, was ihr ein markantes, gerades Profil verleiht. Die Ohren sind an der Basis breit, relativ groß und laufen spitz zu. Die Augen der Orientalin sind mandelförmig und schräg stehend. Alle Farbschläge müssen ein lebhaftes, tiefes Saphirblau als Augenfarbe zeigen.

Der zartknochige Körper ist von mittlerer Größe, geschmeidig und kräftig, von eleganter Linie. Die langen, schlanken Beine laufen in kleinen, ovalen Pfoten aus. Die Hinterbeine sind länger als die Vorderbeine. Der spitz zulaufende Schwanz ist fedrig behaart.

Das lange, weiche und seidige Deckhaar liegt über der flaumigen Unterwolle eng an. Die Gesichtsmaske setzt sich bis zu den Ohren hin fort.

Fehler

Überbiss. Weiße Ballen. Farbabweichungen. Falsche Augenfarbe. Dauerhaftes Schielen.

Temperament

Sie ähnelt der Siam sehr, hat aber eine weniger kräftige Stimme. Aktiv, intelligent und liebevoll, allerdings mitunter recht anstrengend. Die Balikatze ist ein sehr soziales Tier, das mit anderen Katzen ebenso gut zurechtkommt wie mit Besuchern oder Hunden.

Diese Bali Lilac Lynx Point, eine aufgehellte Form der Chocolate Point, kann als Studie in zarten Farben gelten.

Bengalkatze

Diese Rasse ist weltweit immer noch recht selten, obwohl sie ein ungewöhnlich schönes Fell aufweist. Die erste Kreuzung zwischen der wilden Asiatischen Bengalkatze und einer Hauskatze erfolgte 1963 in Kalifornien zufällig. Fast zehn Jahre später setzte Dr. Willard Centrewall an der University of California diese Züchtungen bewusst fort, weil die wilde Bengalkatze interessanterweise gegen Katzenleukämie immun ist. Die Forschungsarbeiten erwiesen sich im Hinblick auf die Krankheit als Enttäuschung, doch die Rasse setzte sich von da an durch. 1983 wurde die Bengalkatze zum ersten Mal registriert und galt noch als recht scheu. Mittlerweile aber hat die Zucht schon kontaktfreudigere Tiere hervorgebracht. Die frühen Züchtungen erfolgten mit einfachen Hauskatzen, doch sobald es Katzen mit der Leopardenfleckung gab, kreuzte man diese bewusst mit der Ägyptischen Maukatze sowie mit indischen Straßenkatzen.

Körperliche Merkmale

Der Kopf der Bengalkatze ist etwas länger als breit. Das Gesicht zeigt hohe Backenknochen und eine volle, recht breite Schnauze. Das Kinn ist kräftig. Die Reißzähne stehen weit auseinander, sodass die Schnurrhaarkissen recht ausgeprägt sind. Durchbrochene Linien schmücken den Kopf, häufig zeigt sich ein ausgeprägtes M-Abzeichen auf der Stirn. Der Nasenspiegel ist rosa und schwarz umrandet. Das Profil verläuft in sanftem Schwung von der Stirn zur Nase und zeigt keine Einbuchtung. Die Ohren sind kurz, mit breiter Basis und gerundeten Spitzen, ohne Ohrbüschel. Die langen, ovalen Augen stehen leicht schräg. Der Hals präsentiert sich stämmig und muskulös. Der Körperbau ist kräftig und muskulös, die Beine sind mittellang, kräftig und gut bemuskelt. Die Hinterbeine sind länger als die Vorderbeine, die Pfoten zeigen sich dick und wohlgerundet.

Temperament

Konservativ. Obwohl von Wildkatzen abstammend, ist die Bengalkatze ein ruhiges, verlässliches Tier.

Das Gesicht der Bengalkatze zeigt sich etwas länger als breit. Auffällig sind die hohen Backenknochen und die gut gepolsterten Schnurrhaarkissen.

Birmakatze

Angeblich stammen diese Katzen von den berühmten birmesischen Tempelkatzen ab. Sicher ist nur, dass ihre Vorfahrin eine trächtige Katze war, die 1919 nach Frankreich kam. Ihre Jungen legten die Grundlage für die gesamte heutige Rasse in Europa, Großbritannien und Nordamerika. Andere Experten allerdings glauben, dass die Birma in Frankreich aus Siam und Langhaarkatzen gezüchtet wurde. Wie auch immer, die moderne Birma entstand über Generationen hinweg in sorgfältiger Zuchtwahl. Wie die Siam und die Bali trägt auch sie das sogenannte „Himalaya-Gen", das für die Pointed-Abzeichen verantwortlich ist. Die typischen weißen „Handschuhe" und „Stulpen" an den Vorder- bzw. Hinterbeinen gehen vermutlich auf ein rezessives Gen für derartige weiße Abzeichen zurück. In Frankreich fand die Rasse schon 1925 Anerkennung, in Großbritannien jedoch erst 1966, worauf 1967 die Anerkennung in den USA erfolgte.

Körperliche Merkmale

Die Halblanghaarkatze zeigt einen kräftigen Körperbau, ähnelt jedoch den Perserkatzen nicht im Geringsten. Sie hat einen längeren Kopf, auch Hals, Körper, Beine und Schwanz sind feiner. Die Abzeichen sind gut abgesetzt, auch die Stulpen an den Beinen.

Der breite, runde Kopf findet seinen Abschluss in einer ebenso runden Schnauze. Die Stirn ist breiter als hoch, leicht konvex und präsentiert sich zwischen den Ohren flach. Die Kiefer sind kräftig, die Wangen voll und gut entwickelt. Die Nase ist von mittlerer Länge. Das Kinn sollte voll und kräftig entwickelt sein sowie keine Zeichen von Über- bzw. Unterbiss zeigen. Die Ohren sind mittelgroß, sitzen nicht allzu weit auseinander und weisen leicht nach außen. Die Spitzen sind gerundet. Die Augen sind nahezu rund, stehen weit auseinander und sind von klarer, saphirblauer Farbe, die umso höher bewertet wird, je tiefer das Blau ist.

Eine Birma Red Point mit den charakteristischen weißen Pfoten.

Eine Birma Chocolate Point, die der ursprünglichen Seal-Point-Färbung näher kommt.

Männchen sind robuster als Weibchen. Die Beine sind kräftig, ja beinahe stämmig, und von mittlerer Länge. Die Pfoten sind groß und rund. Alle Farbvarianten haben rosa Pfotenballen. Birmakatzen haben einen recht steifen Gang. Der Schwanz ist von mittlerer Länge und reicht, nach vorne gelegt, höchstens bis zu den Schultern. Er zeigt sich buschig, die Spitze ist oval gerundet. Der volle, gleichmäßig behaarte Schwanz wird an der Spitze eingerollt, wenn die Katze ihn aufrecht trägt.

Das Fell ist von mittlerer Länge und hat eine seidige Textur. Das Tier hat eine volle Halskrause. Am Bauch lockt sich das Fell leicht. Glücklicherweise verfilzt der Pelz nicht. Dies gilt auch für den buschigen Schwanz, der gleichwohl gebürstet werden muss. Die Maske bei der erwachsenen Katze sollte das Gesicht bis knapp über die Augen bedecken und sich nur in Spuren zu den Ohren hin verlängern, sodass die Körperfarbe zwischen Ohr und Auge klar hervortritt. Das Kinn ist in der Farbe der Maske leicht schattiert. Die Farbe an den Beinen sollte an den Vorderbeinen gerade über das Ellbogengelenk reichen. Die Innenseite der Beine ist von hellerer Farbe. Die Vorderpfoten haben deutlich weiße Handschuhe, die Hinterpfoten Stulpen, die sich bis knapp unters Sprunggelenk erstrecken. Obwohl die weißen Pfoten Zuchtziel sind, hat der allgemeine Körperbau doch Vorrang. Dies hat zur Folge, dass die weißen Pfotenabzeichen vielleicht nicht völlig perfekt sind, trotzdem kann das Tier auf Ausstellungen gezeigt werden.

Fehler

Schielen. Zu mandelförmige Augen. Weiße Flecken in den farbigen Abzeichen (von den Beinen abgesehen). „Handschuhe" dunkel gefleckt. Zu schmaler Kopf. Zu schmale, zu gerundete Ohren. Weißes Kinn.

Temperament

Anpassungsfähig und genügsam liegt sie irgendwo zwischen den sanftmütigen Persern und den fordernden Siamkatzen. Liebevoll und zärtlich. Kommt gut mit anderen Tieren sowie Besuchern zurecht.

Britisch Kurzhaar

Diese großen, kräftig gebauten Katzen werden ob ihrer maskulinen Erscheinungsform normalerweise von Männern bevorzugt. Sie kamen zu Beginn des 20. Jahrhunderts von Großbritannien in die USA, wurden dort jedoch erst 1970 als Rasse anerkannt, und auch dies nur in den Farbvarianten Blau und Schwarz. Ursprünglich entstand diese Rasse im 19. Jahrhundert aus gewöhnlichen, kurzhaarigen Hauskatzen. Um den Typ zu verbessern, kreuzte man auch gelegentlich Langhaarkatzen ein. So entstand die Rasse, wie wir sie heute kennen: mit breiter Brust, eher stämmig, mit ziemlich großem Kopf, kurzen, kräftigen Beinen und behäbigen, runden Pfoten. Diese Rasse war eine der ersten, die auf der Katzenausstellung von 1871 im Londoner Kristallpalast gezeigt wurde.

Blau ist eine der frühesten zugelassenen Farben bei den Britisch Kurzhaarkatzen und bis heute recht beliebt.

Die Europäisch Kurzhaar ähnelt ihr stark und wird auch nach denselben Standards gezüchtet. Die Amerikanisch Kurzhaar hingegen, die sich aus Wildkatzen entwickelte, ist größer und weniger stämmig.

Sie hat längere Beine, einen längeren Schwanz und einen weniger gerundeten Kopf.

Körperliche Merkmale

Eine kompakte, kräftige und muskulöse Katze mit kompaktem Körperbau und kurzen Beinen. Der runde Kopf sitzt auf einem kurzen, dicken Hals. Die kleinen Ohren mit den abgerundeten Spitzen stehen vergleichsweise weit auseinander. Das runde Gesicht zeigt volle Wangen und ein kräftiges, nach hinten stehendes Kinn. Die Stirn präsentiert sich rund und geht in eine kurze, breite und gerade Nase über. Die Augen sind groß, rund, weit geöffnet und weit auseinanderstehend. Der Körper ist schwer und massiv. Die Brust zeigt sich breit und gedrungen. Die kurzen, kräftigen Beine laufen in dicken, runden Pfoten aus. Auch der Schwanz ist dick und von mittlerer Länge, am Ansatz wirkt er breiter, an der Spitze läuft er

Britisch Kurzhaar in Rot, die das charakteristische runde Gesicht sowie die vollen Wangen zeigt.

rund zu. Das dichte, drahtige Fell ist kurz. Idealerweise ist es so dicht, dass es bei Bewegung gleichsam „aufzubrechen" scheint.

Fehler

Anatomische Deformationen wie eine Bauchhernie oder Schielen. Weiches, übermäßig langes oder flaumiges Fell. Fedrig behaarter Schwanz. Klare Einbuchtung an der Nase. Fliehendes Kinn. Vorstehende Schnurrhaarkissen. Fehler in Farbe oder Zeichnung.

Temperament

Obwohl sie aussehen wie echte Raufbolde, handelt es sich bei den Britisch Kurzhaar um sanfte Riesen. Sie sind liebevoll und leicht zu halten. Mit anderen Haustieren bzw. Kindern vertragen sie sich gut. Ihr Körperbau und ihr Gewicht machen sie zu schlechten Kletterern. Sie sind intelligent und ausgeglichen, nicht sehr temperamentvoll. Auch beim Spielen zeigen sie sich eher faul.

Für diese Rasse wurde die Farbe Chocolate Point erst in den Neunzigerjahren anerkannt – in Großbritannien zumindest.

Burma (amerikanisch)

Die Burma nordamerikanischer Züchtung unterscheidet sich von der europäischen Variante, da der amerikanische Standard vor allem runde Formen verlangt, insbesondere, was den Kopf angeht. Die extrem runde Form wurde in den Siebzigerjahren entwickelt. Leider entwickelte sich innerhalb dieser Blutlinien auch eine Schädeldeformation, die häufig dazu führt, dass das Tier eingeschläfert werden muss.

Die Zucht der Burma begann mit Wong Mau, einem braunen Weibchen aus Rangun (in Myanmar, früher Burma), die vom Marinepsychiater Joseph Thompson 1930 in die USA gebracht wurde. Wong Mau wurde mit einem Siamkater gekreuzt, weil diese Rasse der Burma am stärksten ähnelt.

Diese Amerikanische Burma ist von kräftiger Farbe und hat schöne, runde Augen.

Körperliche Merkmale

Bis 1980 war Sable der einzig anerkannte Farbschlag für die Burma. Zwar kamen von Anfang an auch andere Farben vor, doch die Cat Fancier's Association stufte diese als Abweichungen ein. Heute gehören zum Farbspektrum der Burma: Blau, Champagner und Platin (was man bei anderen Rassen als Lilac bzw. Lavendel bezeichnen würde). Das eng anliegende Fell ist kurz und fein mit einem satinartigen Schimmer und zartem Glanz.

Der Kopf ist hübsch gerundet mit vollen Wangen. Die Schnauze zeigt sich kurz und breit, das Kinn ist rund. Die Augen sind ebenfalls rund und von goldener Farbe. Die mittelgroßen Ohren haben runde Spitzen, stehen weit auseinander und wölben sich nach vorne. Der Körper ist von mittlerer Größe, muskulös und eher kompakt.

Temperament

Freundlich und entspannt.

Burma (europäisch)

Europäische Züchter (und mit ihnen ihre Kollegen in Neuseeland, Australien und Südafrika) entwickelten eine ebenso muskulöse, jedoch weniger runde Form der Burma. Die Europäische Burma stammt von der Amerikanischen ab. Nach dem 2. Weltkrieg wurden Burmakatzen nach Europa eingeführt, die braune Farbvariante wurde 1952 vom Governing Council of the Cat Fancy (GCCF) anerkannt. Die Europäer jedoch wollten eine mehr orientalische Zuchtform und ein größeres Farbspektrum. 1996 veränderte die Fédération Internationale Féline (FiFé) ihre Zuchtstandards und erlaubte grüne Augen. Die langhaarige Variante der Burma heißt in den USA Tiffany. Die Tiffany in Großbritannien jedoch wurde aus der Burmilla und der Burma gezüchtet.

Körperliche Merkmale

Die eher orientalische Zuchtform zeigt einen keilförmigen Kopf, ovale Augen und lange Beine. Die Ohren von mittlerer Größe stehen weit auseinander und haben gerundete Spitzen. Die Schnauze ist stumpf, der Unterkiefer tritt zurück. Die Hinterbeine sind etwas länger als die Vorderbeine, die Pfoten oval. Der Schwanz präsentiert eine gerundete Spitze. Das Fell ist kurz und fein, es liegt eng am Körper an.

Temperament

Eine freundliche, entspannte Katze, die sich gut für das Leben im aktiven Haushalt eignet.

Bei der Burma zeigt die Schildpattzeichnung häufig Tupfen. Hier haben wir es mit einer Schildpattkatze vom blauen Typ zu tun.

Cornish Rex

Bei den Rex-Katzen verläuft das Haarwachstum verzögert, ob es sich nun um Langhaar- oder Kurzhaarkatzen handelt. Die Cornish Rex hat keine Leithaare, die Devon Rex hingegen hat weiche Leithaare, die im Prinzip der Unterwolle ähneln. Das Fell der Cornish Rex fühlt sich ein wenig an wie Samt.

1950 brachte eine Bauernhofkatze in Cornwall ein Kätzchen zur Welt, dem es vollständig an Leithaaren fehlte. Ihr Besitzer nannte sie Kallibunker und brachte sie zu einem Bekannten, der sich als Hasenzüchter für die Regeln der Zucht interessierte. Man fand heraus, dass die Mutation durch ein rezessives Gen vererbt werden kann. Ein ähnliches Gen ist für gelocktes Fell bei Rex-Hasen verantwortlich und so benannte man die Katzenrasse nach dem Vorbild der Hasen. 1957 kamen zwei von Kallibunkers Nachkommen in die USA, um dort die Rasse zu begründen.

Zunächst einmal fasste man alle Rex-Katzen in einer Gruppe zusammen. 1967 aber erhielten die Cornish und die Devon Rex in Großbritannien unterschiedliche Standards. 1969 folgte Neuseeland, 1972 Australien, 1979 die USA. In Europa trat eine Katze mit ähnlichen Fellmerkmalen auf, die man German Rex nannte. Diese zeigt einen gedrungeneren Körperbau als die Cornish Rex, der eher zum Typus Europäisch Kurzhaar passt. 1982 erhielt daher auch die German Rex in Großbritannien einen eigenen Standard.

Kallibunkers Nachkommen besaßen das Gen für eine Rotfärbung des Fells.

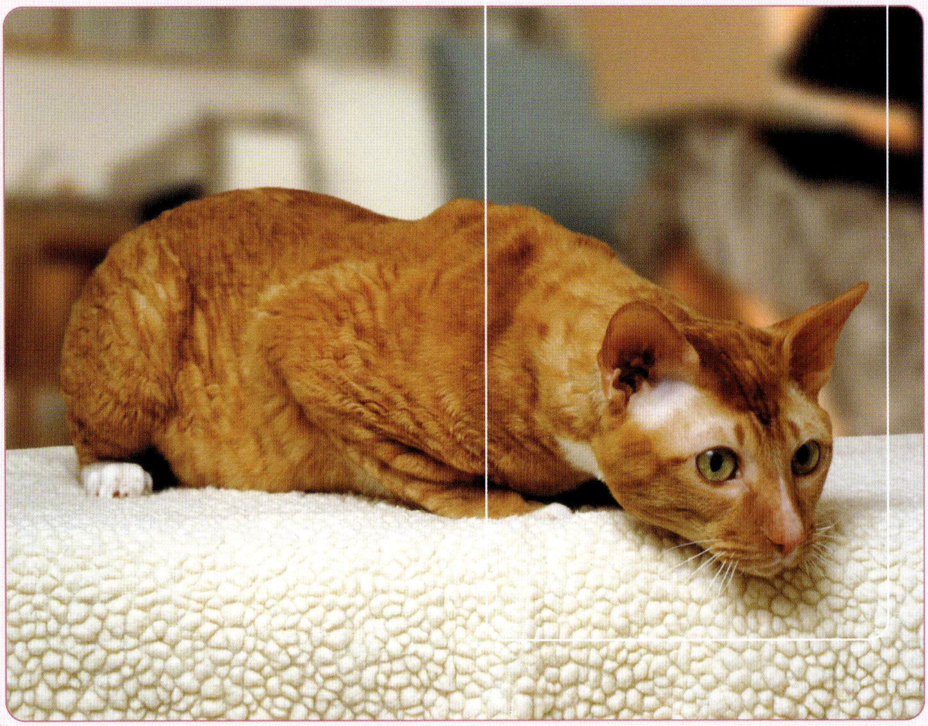

An dieser weißen Cornish Rex sieht man die Struktur des kurzen, dicken, plüschigen Fells ohne Leithaare besonders gut.

Körperliche Merkmale

Eine elegante Katze von feinem Körperbau des gemäßigt orientalischen Typs. Der Kopf zeigt Keilform und ist etwa ein Drittel länger als breit. Er verjüngt sich zu einem kräftigen Kinn. Der Schädel ist flach und zeigt ein gerades Profil. Die Augen sind oval und mittelgroß. Ihre Farbe muss zum Fell passen. Die Ohren sind groß und hoch angesetzt. An der Basis breit, verjüngen sie sich zu gerundeten Spitzen. Sie sind von dünnem Fell bedeckt. Der Körper ist sehnig und muskulös, dabei von mittlerer Länge. Die Beine sind eher lang und gerade, was das Tier sehr hochbeinig aussehen lässt. Die Pfoten sind klein und oval. Der lange, dünne und spitz zulaufende Schwanz ist ganz von Fell bedeckt. Das Fell zeigt sich kurz, dicht und plüschig, ohne Leithaare. Es sollte sich wellen oder locken, vor allem am Rücken und am Schwanz. Die Schnurr- und Brauenhaare sind ebenfalls gelockt und von beträchtlicher Länge. Alle Fellfarben werden akzeptiert. Weiße Abzeichen müssen symmetrisch sein, ausgenommen beim Schildpatt-Weiß-Typ. Farbschläge mit siamartigen Point-Markierungen sind als Si-Rex bekannt.

Fehler

Asymmetrische weiße Abzeichen (außer beim Schildpatt-Weiß-Typ). Nicht vollkommen deckendes Fell. Zu kurzes Fell. Nackte Stellen. Britischer Kopftyp oder zu lange Keilform. Kleine Ohren. Stämmiger Körper. Mangelnde Bemuskelung. Zu kurzer oder nackter Schwanz.

Temperament

Die Katzen sind intelligent und liebevoll, verspielt und kontaktfreudig. Sie sind eher extrovertiert und „plaudern“ gern.

Devon Rex

1960 fand sich in der Grafschaft Devon, in der Nähe einer verlassenen Zinnmine, ein Kater mit lockigem Fell. Diesen paarte man mit einer Streunerin aus derselben Gegend. Die Straßenkatze brachte ein gelocktes Junges zur Welt, das einen entschieden koboldhaften Gesichtsausdruck zeigte. Das Kätzchen wurde Kirlee getauft. Da damals die Cornish Rex gerade starkes Aufsehen erregte, nahm der Besitzer von Kirlee mit Züchtern dieses Programms Kontakt auf.

Doch als man Kirlee mit Katern aus dem Cornish-Rex-Programm paarte, kamen nur nicht gelockte Jungen zur Welt. Dies belegte, dass Kirlees Locken-Gen nicht dasselbe war wie das der Cornish-Rex-Katzen. Und so wurde ein neues Zuchtprogramm für Devon-Rex-Katzen ins Leben gerufen, die aufgrund ihres dreieckigen Kopfes häufig auch „Pixies“, also „Kobolde“, genannt werden.

Körperliche Merkmale

Eine elegante Katze mit einer einzigartigen Kopfform und einem schlanken, aber muskulösen Körperbau. Der Kopf ist keilförmig, wobei die Wangen voll ausgeprägt sind. Die Schnauze ist kurz mit kräftigem Kinn und ausgeprägten Schnurrhaarkissen. Auch die Nase zeigt eine deutliche Einbuchtung. Die Stirn bleibt eher flach. Die Augen sitzen weit auseinander und zeigen sich groß und oval. Sie stehen nach außen hin ein wenig schräg. Die Augenfarbe sollte zur Fellfarbe passen und (außer bei der Si-Rex) gelbgrün, grün oder gelb sein. Die Ohren sind groß und tief angesetzt und an der Basis breit. Sie verjüngen sich zu runden Spitzen und sind von feinem Fell bedeckt. Der Körper ist sehnig und muskulös, dabei von mittlerer Länge. Die Brust zeigt sich breit und wird hoch auf schlanken Beinen getragen. Die Hinterbeine sind länger als die Vorderbeine. Die Pfoten sind klein und oval.

Große, tief angesetzte Ohren zusammen mit dem dramatischen Blick verleihen der Devon Rex das Aussehen eines Kobolds.

Der Hals ist sehr schlank, der Schwanz dünn, lang und spitz zulaufend. Dabei muss er stets gut mit Fell bedeckt sein. Das Fell ist sehr kurz und fein. Die Deckhaare zeigen sich weich und ebenfalls gelockt. Auch Schnurr- und Brauenhaare sind gelockt, dabei eher von grober Textur und mittlerer Länge. Alle Fellfarben werden akzeptiert. Farbschläge mit Siam-Abzeichen nennt man Si-Rex.

Fehler

Nicht gelocktes oder struppiges Fell. Kahle Stellen. Ein schmaler, zu langer Kopf oder ein Kopf vom britischen Typ. Stämmiger Körperbau. Mangelnde Bemuskelung. Zu kleine oder zu hoch angesetzte Ohren. Ein zu kurzer, nackter oder buschiger Schwanz.

Temperament

Die Devon Rex ähnelt im Temperament der Cornish Rex. Sie ist intelligent, verspielt und liebevoll, kontaktfreudig, ja manchmal regelrecht extrovertiert, wobei sie eine kräftige Stimme hat.

Die Devon Rex langweilt sich niemals, wie der neugierige Gesichtsausdruck dieser Seal Tortie zeigt.

Diese Black Devon Rex zeigt deutlich, wie schmal der Hals dieser Katzen ist und wie breit im Gegensatz dazu die Brust.

Hauskatze (Europäisch Kurzhaar)

Sogar in Ländern, in denen sich die Katzenzucht großer Beliebtheit erfreut, ist die am meisten verbreitete Katzenform die schlichte Hauskatze. Sie kennt keine Zuchtverbände und Liebhabervereine. Auch kann sie nicht auf die Unterstützung von Königen und Prominenten zur weiteren Verbreitung zählen. Keine Legenden ranken sich um ihre Entstehung.

Der einzige Standard für die Hauskatze ist vermutlich das Merkmal „niedlich".

Und trotzdem bleibt der einfache „Stubentiger" die populärste Katzenart weltweit. Manche Menschen lieben die besonderen Formen, Charakterzüge oder Fellfarben der Rassetiere, doch die meisten Menschen lassen sich gerne auf die charakteristischen Merkmale jener Tiere ein, die ihnen – bei welcher Gelegenheit auch immer – das Herz gestohlen haben.

Körperliche Merkmale

Nur wenige Hauskatzen sind langhaarig, weil dieses Gen rezessiv vererbt wird. Manchmal ähneln Hauskatzen sogar ganz bestimmten Rassekatzen wie ein Ei dem anderen, doch im Normalfall sind dies nur Einschläge von Rassekatzen, die sich irgendwann einmal im

Da das Gen für die weißen Markierungen dominant vererbt wird, kommen diese häufig vor.

Stammbaum verewigt haben. Die Hauskatze zeigt je nach Land recht unterschiedliche Merkmale. In kalten Ländern ist ihr Körperbau eher gedrungen, in warmen Klimazonen kommt eher der orientalische Typ zum Tragen. Besonders auffällige Züge von Rassekatzen wie gewelltes Fell finden sich allerdings so gut wie nie. Die Katzen mit dem gut durchmischten Genpool sind meist robust und gesund, denn die natürliche Selektion sorgt dafür, dass nur die am besten an ihre Umwelt angepassten Tiere überleben.

Das Gen für weiße Flecken wird dominant vererbt, weshalb diese relativ häufig sind. Rottöne kommen in bestimmten Landstrichen recht häufig vor, in anderen gar nicht. Aus diesem Grund gelten sie Zuchtforschern als Hinweis darauf, ob die Katzenpopulationen unterschiedlicher Gegenden sich vermischen.

In vielen Gegenden Europas ist Blau eine häufig vorkommende Farbe. Nordeuropäische Katzen haben gewöhnlich wenig Weiß im Fell, wohingegen in Südeuropa weiße Abzeichen (siehe Türkisch Van) häufig auftauchen.

Temperament

Die Persönlichkeit einer Katze hängt vor allem von ihren Erfahrungen als Jungtier ab. Eine Hauskatze ist also immer so nett und zutraulich, wie sie gemacht wurde. Gewöhnlich sind Hauskatzen nicht so geschwätzig wie Siamkatzen, aber auch nicht so sanftmütig wie Perser. Einige sind recht intelligent, die meisten wissen sich durchzusetzen. Und spielfreudig zeigt sich eine Katze meist dann, wenn ihr Halter viel mit ihr spielt.

Havanna Braun

Trotz ihres exotischen Namens entstand diese Rasse keineswegs in Kuba. Sie wurde 1952 in Großbritannien entwickelt, wo Züchter eine Katze vom siamesischen Typ anstrebten, die ein sattes einheitliches Braun als Fellfarbe zeigte. Die Farbe nannte man „Havanna", doch registriert wurde die Rasse in Großbritannien als „Chestnut Brown Foreign".

Mitte der Fünfzigerjahre wurde sie in die USA exportiert, wo sie als „Havana Brown" registriert wurde, bis 1973 die Cat Fancier's Association die Rasse als Orientalisch Kurzhaar-Variante akzeptierte. Von da an wurde sie als Chestnut Orientalisch Kurzhaar geführt. Ironischerweise wird das Kastanienbraun, das diese Rasse auszeichnet, in Großbritannien als „Havanna" bezeichnet, was zu einiger Verwirrung geführt hat.

Die elegante und graziöse Katze ist gleichwohl recht körperbetont und eine ausgezeichnete Kletterin.

Die typischen großen, weit auseinanderstehenden Ohren werden aufrecht getragen. Der schmale Kopf verjüngt sich zur spitzen Schnauze.

Körperliche Merkmale

Eine elegante, geschmeidige Katze und eine ausgezeichnete Kletterin. Obwohl sie der Orientalisch Kurzhaar ähnelt, wurde sie doch mit dem Ziel gezüchtet, eine Russisch Blau mit kastanienbraunem Fell zu haben. Die Havanna Braun steht hoch auf den Beinen und ist recht schwer für ihre Größe. Die Jungkatzen tragen Geistermarkierungen im Tabbymuster, die später verschwinden und einem einheitlichen, warmen Braunton Platz machen. Die Ohren sind groß und stehen aufrecht und weit auseinander. Die Augen sollten grün und oval sein. Der lange, schmale Kopf verjüngt sich zu einer spitzen Schnauze. Die Schnurrhaare müssen braun oder lilac sein, um zur Fellfarbe zu passen. Der Körper zeigt sich von mittlerer Länge wie der Schwanz, der nicht allzu dünn ist und sich zur Spitze hin verjüngt. Die Pfoten sind oval und recht kompakt.

Temperament

Die Tiere sind liebevoll und anhänglich, sanftmütig und kontaktfreudig. Sie sind stark auf den Menschen bezogen und sehnen sich nach Aufmerksamkeit. Da sie neugierig sind, ist nichts vor ihnen sicher, auch nicht der geschlossene Küchenschrank. Sie sind energiegeladen und erweisen sich als gute Kletterer.

Die Havanna Braun steht hoch auf ihren Beinen und ist recht schwer für ihre Größe.

Maine Coon

Die Maine Coon ist eine der größten Katzenrassen. Sie stammt vielleicht sogar von den ersten Hauskatzen ab, welche die englischen Siedler mit in die Neue Welt nahmen. Sie hat sich an die harten Winter in Neuengland (zu dem der amerikanische Bundesstaat Maine gehört) angepasst, wo es die Rasse seit über hundert Jahren gibt. Eine populäre Haus- und Hofkatze, die bereits gegen Ende des 19. Jahrhunderts die Ausstellungsräume eroberte. Als jedoch die europäischen Züchtungen in den USA an Beliebtheit zunahmen, sank die Maine Coon in der Gunst der Amerikaner. So gründete man 1953 einen Club, um für die Verbreitung der Rasse zu sorgen. Kurz darauf erkannte die Cat Fancier's Association (CFA) die Rasse an. Heute ist sie – wie die Norwegische Waldkatze – in den meisten Ländern anerkannt.

Körperliche Merkmale

Eine Halblanghaarkatze vom gemäßigt orientalischen Typus, die sich leicht an ihrer Größe und ihrem fließenden Fell erkennen lässt. Der Kopf ist von mittlerer Größe und zeigt eine nahezu quadratische Schnauze sowie ein recht kräftiges Kinn. Die vollen Wangen mit den hohen Wangenknochen werden von einer breiten Nase mit deutlicher Einbuchtung geteilt. Die Ohren sind lang und schalenförmig. Breit an der Basis laufen sie in eine fedrig behaarte Spitze aus. Ohrenbüschel werden geschätzt.

Die Maine Coon hat schöne Ohrenbüschel, wie dieser braune Tabby zeigt.

Das rot-weiße Kätzchen zeigt das doppellagige Fell der Maine Coon.

Die Augen sind voll und rund. Sie sitzen weit auseinander und wirken leicht schräg. Die Augenfarbe sollte Grün, Gold oder Kupfer sein und muss nicht mit der Fellfarbe übereinstimmen. Bei weißen Maine Coons sind zweifarbige oder blaue Augen erlaubt.

Der Körper ist kräftig und muskulös, groß bis mittelgroß, mit breiter Brust und langem Hals, der vor allem bei ausgewachsenen Männchen dick und kräftig wirkt. Der Rücken ist lang, der Rumpf wirkt eckig. Die Beine stehen in einem guten Verhältnis zum Körper, sodass daraus das klassische „rechteckige" Erscheinungsbild der Maine Coon erwächst. Die großen, runden Pfoten zeigen schöne Zehenbüschel, welche die Pfoten wie Schneeschuhe wirken lassen. Der Schwanz ist lang, an der Basis breit und verjüngt sich zur Spitze hin. Das Fell ist lang, seidig und fließend. Außerdem ist es wasserabweisend und verlangt keine besondere Pflege. Tatsächlich weist das Fell zwei Lagen auf: dicke Unterwolle und glänzendes Deckhaar. An Kopf, Hals und Schultern ist das Deckhaar kürzer, an den Flanken, am Rücken und am Schwanz hingegen länger. Beine und Bauch sind dicht behaart und ausgesprochen plüschig. Die Halskrause setzt an den Ohren an und ist beim Männchen fülliger. Alle Fellfarben sind erlaubt.

Temperament

Eine liebevolle, sanftmütige Katze, die ihre Halter zu gewinnen weiß. Hellwach, daher eine gute Jägerin.

Manx

Die Manx ist eine schwanzlose Katze. Von allen Hauskatzen hat sie den kürzesten Körper. Bei dieser Spontanmutation kam es nicht zur Ausbildung jener Wirbel, die den Schwanz bilden. Woher sie kommt, ist ungewiss, auch wenn man ihren Ursprung immer wieder auf die Isle of Man verlegt. Manche Experten meinen, sie stamme von den Katzen ab, die nach dem Sinken der Armada die Insel erreichten. Andere halten sie einfach für einen Abkömmling der Britisch Kurzhaar. Wie immer sie auch die Insel erreicht haben mögen, die Population entwickelte sich dort isoliert, was dafür sorgte, dass das dominante Gen für Schwanzlosigkeit sich weitervererben konnte. 1901 gründete man in Großbritannien einen Manx-Club. Zu Beginn des 20. Jahrhunderts wurde die Rasse erstmals auf Ausstellungen in den USA gezeigt. Die Rasse war damals weniger rund im Erscheinungsbild als heute.

Von der Manx gibt es langhaarige und kurzhaarige Versionen. Die langhaarige Zuchtform entwickelte sich in den Sechzigerjahren in den USA aus Langhaarkätzchen, die immer wieder spontan in Würfen kurzhaariger Manxkatzen auftauchten. Man taufte die Langhaarform Cymric (sprich: Camrick), was von Cymru kommt, dem gälischen Namen für Wales.

Leider werfen die Manx meist nicht allzu zahlreich. Außerdem sterben viele Kätzchen bei oder nach der Geburt. Der Wurf umfasst häufig sowohl schwanzlose Katzen als auch solche mit Knubbelschwanz, Stummelschwanz bis hin zur normalen Schwanzform. Die echte Manx aber ist und bleibt schwanzlos. In Großbritannien hat die Popularität der Rasse stark abgenommen, in den USA hingegen wird sie immer noch gerne gezeigt.

Zwei Manx-Schildpatt-Katzen putzen sich gegenseitig.

Da das wichtigste Merkmal der Manx der fehlende Schwanz ist, werden alle Fellfarben gleichermaßen akzeptiert.

Körperliche Merkmale

Die Manx ist schwanzlos. Ihr kurzer Körper und ihr hoppelnder Gang machen sie unverwechselbar. Der Kopf ist rund und breit, hat aber keine Stupsnase wie jener der Perserkatze. Die Nase ist lang, die Wangenknochen zeigen sich ausgeprägt. Die an der Basis breiten Ohren verjüngen sich zu Spitzen. Die Augenfarbe ist nicht so wichtig. Wenn sie jedoch beurteilt wird, folgt sie dem Standard für Britisch Kurzhaar: Blau für weiße Katzen, Bernstein oder Orange für alle anderen Farbschläge. Der kurze Körper zeigt einen gerundeten Rumpf. Die Hinterbeine sind länger als die Vorderbeine. Am Ende der Wirbelsäule sollte eine Vertiefung sichtbar sein. Das doppellagige Fell mit der dichten Unterwolle begegnet uns in allen möglichen Farbschattierungen, die jedoch nur dann von Interesse sind, wenn der Körperbau stimmt.

Temperament

Die Manx ist eine ruhige und sanftmütige Katze. Sie liebt ihren Halter, Fremden gegenüber ist sie eher misstrauisch. Sie kann recht aktiv werden, ist aber keine gute Kletterkatze, weil ihr der Schwanz zum Ausbalancieren fehlt.

Norwegische Waldkatze

Trotz ihres wild klingenden Namens lebt die Norwegische Waldkatze schon seit Jahrhunderten in Haus und Hof mit den Menschen zusammen. Ihre Ursprünge liegen im Dunkeln, ganz sicher aber hat sich die Rasse mit dem kräftigen Körperbau durch natürliche Selektion im kalten, rauen Klima Norwegens gebildet. Auf Ausstellungen tauchte die Rasse etwa in den Dreißigerjahren erstmals auf. Sie ähnelt der Maine Coon, die sich ebenfalls als Hofkatze im kalten Klima von Maine (USA) entwickelte.

Körperliche Merkmale

Eine große, kräftige Halblanghaarkatze mit doppellagigem Fell, das außergewöhnlich schnell trocknet.

Der dreieckige Kopf hat ein langes, gerades Profil und ein starkes Kinn. Die Ohren sind hoch angesetzt und zeigen sich offen, an der Basis breit mit schönen Ohrbüscheln und luchsartigen Pinseln an den Spitzen. Die großen, leicht schräg stehenden Augen sind in allen Farben erlaubt. Das Tier ist groß, lang und sehr kräftig. Die Hinterbeine sind länger als die Vorderbeine. Die Schwanz ist lang und buschig.

Verschiedenfarbige Augen sind bei weißen Katzen erlaubt.

Die Ohrbüschel und die eleganten Schnurrhaare zeigen sich bei dieser hübschen Schildpattkatze recht schön.

Das halblange Fell besteht aus weicher Unterwolle und dem glänzenden, wasserabweisenden Deckhaar, das Rücken und Flanken bedeckt. Die Katze hat eine üppige Halskrause und kräftig behaarte Hinterbeine. Im Sommer allerdings ist der Pelz nicht ganz so weich und wollig. Alle Farben sind erlaubt – außer Chocolate, Lilac und Siam-Abzeichen.

Fehler

Kurzer Schwanz. Kurze Beine. Runder oder quadratischer Kopf. Kleine Ohren. Zarter Körperbau.

Temperament

Eine intelligente Katze, die gerne spielt. Sie ist eine ausgezeichnete Jägerin und eine aktive, unabhängige Katze, die man nur mit genügend Auslauf halten sollte. Für reine Wohnungshaltung ist sie ungeeignet.

Der Rot-Silber-Tabby zeigt zwei für diese Rasse unerlässliche Merkmale – die großen Ohren und die ausdrucksvollen Augen.

Orientalisch Kurzhaar

Vor mehr als einem Jahrhundert, als man gerade begann, Siamkatzen auszustellen, wurde ein einfarbiges Kätzchen mit einer nichtblauen Augenfarbe auf einer Siam-Ausstellung gezeigt. Ende der Zwanzigerjahre allerdings beschloss der Siamese Club of Britain, dass alle Siamkatzen blaue Augen haben müssen, sodass das Interesse an den anderen Farbschlägen abnahm. Erst in den Fünfzigerjahren wandten sich die Züchter wieder jenen Katzen zu. Sie kreuzten Siamkatzen mit Kurzhaarkatzen vom amerikanischen und britischen Typ. 1952 erzielte ein britischer Züchter ein einfarbig braunes Tier, indem er eine Siam mit einer schwarzen Kurzhaarkatze kreuzte. Dies war die erste Havanna Braun, die man später Orientalisch Chocolate nannte. 1958 taufte man sie dann Chestnut Brown Orientalisch Kurzhaar, bevor man sie wieder Havanna Braun nannte.

Die Zuchtprogramme brachten noch zahlreiche Katzen ohne Siam-Abzeichen hervor. Man nannte sie Foreign oder Oriental, mittlerweile aber hat sich die Typbezeichnung „Orientalisch Kurzhaar“ durchgesetzt. Heute gibt es über 70 verschiedene Farbschläge von der Orientalisch Kurzhaar. Nahezu alle verlangen grüne Augen, nur in den USA ist auch bernsteinfarben erlaubt. Eine Ausnahme bilden die weißen Katzen, die blaue oder zweifarbige Augen haben dürfen.

Körperliche Merkmale

Körperlich und charakterlich ähnelt die Orientalisch Kurzhaar ganz der Siam, mit dem einen Unterschied, dass sie einfarbig ist.

Fehler

Über- oder Unterbiss. Weiße Zehen (außer bei weißen Katzen natürlich). Farbabweichungen. Falsche Augenfarbe. Schielen auf einem oder beiden Augen.

Ein Oriental-Zimt-Tabby, der den klassischen Körperbau der Orientalisch Kurzhaar zeigt.

Eine Orientalisch Kurzhaar in Lavendel beim sogenannten Flehmen.

Temperament

Die aktiven und athletischen Katzen sind ausgesprochen gesellig. Die Züchter sprechen von „schamlosem Andienen“. Die Orientalisch Kurzhaar zeigt mitunter sogar hundeähnliches Verhalten. Sie ist anspruchsvoll, energiegeladen, spielfreudig, liebevoll und kontaktfreudig. Nichts ist ihr lieber als menschliche Gesellschaft. Wie ihre Siamvorfahren ist sie treu und anhänglich.

Gestreifte Katzen nennt man Tabby. Hier zeigt sich uns eine Chocolate Lynx vom orientalischen Typ.

Perser (Langhaar)

Die Langhaarkatzen stammen angeblich aus Asien und kamen erstmals im 16. Jahrhundert mit Reisenden nach Europa. Zuerst fanden sie ihren Weg nach Italien, dann nach Frankreich, schließlich nach England. Vermutlich stammten sie aus der Türkei, wo man sie Angora nannte (der historische Name für die Stadt Ankara). Die Rassen, die später aus Persien und Afghanistan kamen, hatten ein längeres und dichteres Fell sowie einen gedrungeneren Körper. Als dann entsprechende Zuchtprogramme starteten, entwickelten sich langsam jene Angora- bzw. Perserkatzen, die wir heute kennen. 1876 jedenfalls wurden Langhaarkatzen noch als „Asiatische Katzen" bezeichnet. Die Züchter jedoch selektierten zunehmend nach jenen Kriterien, welche die Perserkatze auszeichneten, also den gedrungenen Körperbau und das dichte Fell. Der Angoratyp geriet mehr und mehr ins Hintertreffen. 1901 gab es dreizehn anerkannte Fellfarben, gegen Ende des 20. Jahrhunderts waren es schon 160.

In Großbritannien taufte man die Rasse in „Langhaar" um, in den meisten anderen Ländern aber hieß sie einfach „Perser".

Körperliche Merkmale

Eine Langhaarkatze mit gedrungenem Körperbau und kurzen Beinen. Die erwünschte Stupsnase lässt sie mitunter streng wirken, doch die großen, runden Augen heben diesen Eindruck wieder auf. Der Kopf ist rund und massiv. Der Schädel wirkt breit, das Gesicht und die Kopfstruktur sehen im Allgemeinen deutlich rund aus. Die Nase ist kurz und platt, zeigt eine deutliche Einbuchtung. Die Wangen sind voll, die Kiefer breit, das Kinn zeigt sich gut entwickelt. Die kleinen Ohren sind an der Spitze gerundet, neigen sich nach vorn und dürfen an der Basis nicht zu weit offen sein.

Diesen Farbschlag nennt man Creme. Er gilt als aufgehellte Form von Rot.

Langhaarkatzen brauchen enorm viel Fellpflege. Diese Fellfarbe bezeichnet man als „Golden".

Sie stehen weit auseinander und sind tief am Kopf angesetzt, was dessen runde Form noch betont. Die runden Augen sollten weit auseinanderstehen und hell strahlen, was dem Gesicht einen hübschen, babyhaften Ausdruck verleiht. Der Schwanz ist kurz, steht aber in guter Relation zum Körper. Er sollte gerade getragen werden. Der große bis mittelgroße Körper wirkt gedrungen und hat kurze Beine. Die Brust wirkt breit und massiv. Auch der Rumpf zeigt sich wohlgerundet mit geradem Rücken. Die Beine sind dick und kräftig.

Das Fell ist lang und außerordentlich dicht. Es steht vom Körper ab und ist von feiner Textur, seidig und voller Reflexe. Es ist lang. Wenn ältere Jungkatzen den Pelz wechseln, wirkt das Fell an den Schultern kürzer. Die Halskrause ist mehr als üppig und setzt sich in einem kräftigen Büschel zwischen den Vorderbeinen fort. Die Ohren- und Zehenbüschel zeigen sich ebenfalls voll und üppig.

Temperament

Die Perserkatze ist ruhig und sanftmütig. Sie hat eine leise Stimme. Ihre friedliche Natur wird von vielen fälschlicherweise als Faulheit gedeutet.

Die Farbe Blau gilt als aufgehellte Form von Schwarz.

Russisch Blau

Der wunderschöne silbergraue Pelz der Russisch Blau ist so dicht, dass deutlich sichtbare Einbuchtungen zurückbleiben, wenn man ihn berührt. Die Russisch Blau ist eine sehr alte Rasse, die jedoch keineswegs aus Russland kommt, wie der Name suggeriert. In den frühen Tagen der Katzenzucht trug sie verschiedene Bezeichnungen: Archangelsk-Katze, Spanisch Blau oder Malteserkatze. Es heißt, Matrosen hätten einige Exemplare dieses wunderschönen Tieres aus der russischen Hafenstadt Archangelsk nach Großbritannien eingeführt.

1912 wurde die Rasse als „Russisch Blau“ bzw. „Foreign Blue“ registriert. Obwohl das Interesse auch zwischen den Weltkriegen nicht völlig erlosch, war die Rasse 1945 fast ausgestorben. Skandinavische Züchter versuchten, sie nachzuzüchten, indem sie eine blaue finnische Katze mit einer Siamkatze kreuzten. In Großbritannien hingegen kreuzte man Siamkatzen in die Blutlinie der wenigen verbliebenen Russisch Blauen ein. Dadurch erhielt die Rasse einen eindeutig orientalischen Einschlag. Also nahmen sich britische Züchter 1965 der Rasse noch einmal an mit dem Ziel, den Körperbau der ursprünglichen Russisch Blau erneut in den Standard einzuführen, was auch gelang. Bei der Neuformulierung des Standards wurde ein zu deutlich erkennbarer orientalischer Typ zum Fehler erklärt.

Mittlerweile gibt es auch weiße und schwarze Farbschläge. Die Rasse findet weltweit wieder mehr Anerkennung. In jenen Ländern, welche die neuen Farben nicht anerkennen, heißt die Rasse nach wie vor Russisch Blau.

Die Russisch Blau hat grüne Augen und ein außergewöhnlich dichtes Fell.

An manchen Stellen weist das blaue Fell silbrige Spitzen auf, was zu einem ungewöhnlichen Schimmer führt.

Körperliche Merkmale

Eine elegante, graziöse Katze mit einem deutlich orientalischen Einschlag. Sie hat einen außergewöhnlich langen Schwanz und ein einzigartiges doppellagiges Fell. Der Kopf ist von kurzer Keilform, der Schädel bleibt flach. Stirn und Nase bilden eine gerade Linie. Die Schnurrhaarkissen stehen hervor. Die Augen sind mandelförmig, sollten von lebhaftem Grün sein und weit auseinanderstehen. Die Ohren sind groß und verjüngen sich zur Spitze. Sie sind an der Basis breit und sitzen nahezu rechtwinklig am Kopf. Die Ohren sind innen fast kahl und lassen die transparente Haut sehen. Die Katze ist mittelschwer, der Körper lang und wohlproportioniert. Die Beine sind lang, die Pfoten klein und oval. Der lange Schwanz läuft spitz zu.

Das Fell ist ausgesprochen weich und unglaublich dicht. Jedes einzelne Haar hat eine silberfarbene Spitze, was dem Fell einen silbrigen Schimmer verleiht, der sich an Hals und Brust verdichtet. Die Rasse definiert sich ohnehin vor allem über das Fell.

Fehler

Weiße Markierungen (außer bei der weißen Variante). Tabby-Markierungen. Schwerer, gedrungener Körperbau. Quadratischer Kopf. Gelbe Augen. Anzeichen eines Siam-Einschlags.

Temperament

Eine ruhige Katze mit sanfter Stimme, die eher scheu und wenig anspruchsvoll ist, obwohl sie sehr an ihren Haltern hängt.

Siamkatze

Obwohl es viele andere Geschichten über die Entstehung dieser Rasse gibt, ist sie tatsächlich vor mehreren Jahrhunderten in Siam (heute Thailand) entstanden. Zumindest sind Katzen mit Siam-Abzeichen in einem Manuskript zu sehen, das aus Ayudha stammt, der alten Hauptstadt Siams, die im Jahr 1767 niederbrannte. Das Manuskript, das man als Cat Book Poems (Katzengedichte) kennt, enthält die wohl umfangreichste Darstellung von Katzen, Hunden und Vögeln, die zu jener Zeit in der Region bekannt waren.

1793 wurden die Siam-Abzeichen von dem Naturforscher Simon Pallas in Russland schriftlich festgehalten. Doch die Katzen, die er beschrieb, hatten weitaus dunklere Abzeichen. Das mag daran liegen, dass die Farbe der Siamkatzen im kalten Klima nachdunkelt. Ob die russischen Katzen Abkömmlinge der Tiere in Siam waren oder ob es in Russland zu einer spontanen Mutation kam, die das sogenannte „Himalaya-Gen" hervorbrachte, ist leider nicht bekannt.

In jedem Fall waren Siamkatzen schon vor 1871 in Großbritannien bekannt, denn in diesem Jahr wurden sie auf der ersten Nationalen Katzenausstellung dem Publikum vorgestellt. Da sich um diese fremdländisch wirkenden Tiere schnell allerlei Legenden rankten, reagierten manche Besucher auch kritisch. So hieß es beispielsweise, die Siam sei „ein unnatürlicher Albtraum von einer Katze". Um 1890 kamen die ersten Tiere nach Amerika. Seit dieser Zeit hat sich ihre Körperform stark verändert, da die Züchter den orientalischen Typus immer stärker herausstellten. Das Himalaya-Gen, das für die typischen Abzeichen verantwortlich ist, sorgt für die Aufhellung jeder beliebigen Farbe. Aus diesem Grund gibt es keine schwarze Siamkatze. Das Schwarz hellt zu einem dunklen Braun auf, das man in diesem Falle „Seal" nennt. Auch bei der Zucht der Orientalisch Kurzhaar ohne Abzeichen spielte die Siam eine bedeutende Rolle.

Chocolate Point Siam. Chocolate ist eine aufgehellte Form von Schwarz.

Die Abzeichen der Jungtiere sind vergleichsweise hell. Sie bilden sich erst voll aus, wenn die Tiere erwachsen werden.

Körperliche Merkmale

Die Siam ist eine kurzhaarige Katze vom orientalischen Typ mit einem geschmeidigen, langen Körper und einem intelligenten, aufmerksamen Gesichtsausdruck. Der Kopf ist lang und keilförmig, weder zu rund noch zu spitz. Das Profil ist gerade, der Unterkiefer schließt bündig mit dem Oberkiefer ab. Die großen Ohren sind an der Basis breit. Die Augen sind schräg gestellt. Der Körper ist mittelgroß, aber außerordentlich lang mit vergleichsweise schlanken Beinen. Die Hinterbeine sind etwas höher als die Vorderbeine, die Pfoten klein und oval. Der lange Schwanz läuft spitz zu. Das Fell ist sehr kurz und fein. Es schimmert seidig und liegt eng an. Die Maske setzt sich in Spuren bis zum Ohr fort. Jungkatzen der Vollfarben tragen nach der Geburt nur helle Abzeichen, die erst allmählich nachdunkeln.

Fehler

Ein grüner Schimmer bei der Augenfarbe. Andere Augenfehler. Über- oder Unterbiss. Weiße Zehen. Körper- oder Abzeichenfarbe passen nicht zum definierten Farbstandard. Ein- oder beidäugiges Schielen.

Temperament

Die Siam ist eine anhängliche, liebevolle Katze. Sie ist hochintelligent, neugierig, unternehmungslustig und geschwätzig. Dies macht sie allerdings auch zu einem ausgesprochen anspruchsvollen Tier, das viel Beschäftigung braucht. Für Menschen, die ihre Ruhe wollen, ist sie daher nicht so gut geeignet. Manche Tiere sind ausgesprochen temperamentvoll, ja nachgerade nervös.

Türkisch Van

Vor mehreren Hundert Jahren entwickelte sich rund um den Van-See in der südöstlichen Türkei eine langhaarige Katzenrasse, die ihre Merkmale aufgrund der regionalen Isolation rein ausbilden konnte. Die Tiere zeigten eine charakteristische rot-weiße Zeichnung, die bei anderen Katzen selten ist. Das Rot, das man heute als „Auburn" bezeichnet, war nämlich auf die Ohrengegend und den Schwanz beschränkt. Die Rasse wurde erst in den Fünfzigerjahren nach Großbritannien eingeführt, wo man 1969 einen Standard festschrieb.

Die rote Farbe (Auburn) darf sich bei dieser Rasse nur an Ohren und Schwanz zeigen.

Körperliche Merkmale

Eine kleine bis mittelgroße Katze von geschmeidigem, ausgewogenem Körperbau. Das Fell ist halblang und zeigt die charakteristischen Abzeichen. Der Kopf ist eher klein, oben breit und sich zum Kinn hin zum Keil verjüngend. Kater dürfen ausgeprägte Wangenknochen besitzen. Die Ohren sitzen hoch am Kopf und zeigen sich breit an der Basis. Sie laufen spitz zu und weisen schöne Ohrbüschel auf.

Die Augen sind lang und mandelförmig, manchmal aber auch rund. Sie sind leicht schräg gestellt und rosa umrandet. Die Augenfarbe ist Bernsteingelb. Manchmal gibt es auch Tiere mit zweifarbigen Augen (eines blau, eines bernsteingelb). Die Nase von mittlerer Länge zeigt keine Einbuchtung. Das Kinn ist kräftig, aber rund. Der schmale Hals ist von mittlerer Länge.

Die rote Farbe der Türkisch Van wird mitunter zu Creme aufgehellt, die Abzeichen bleiben gleich.

Die Tiere haben einen feinknochigen Körperbau. Die Weibchen sind von mittlerer Größe, die Kater etwas größer. Der Rumpf ist lang und muskulös. Die Hinterbeine sind etwas länger als die Vorderbeine. Die kleinen Pfoten sind rund und zierlich mit hübschen Zehenbüscheln. Der Pfotenballen leuchtet rosafarben. Der lange Schwanz läuft spitz zu und ist fedrig behaart.

Es handelt sich um eine Halblanghaarkatze mit schöner Halskrause und einem vollen Schwanz, der jedoch nicht so voll ist wie der einer Perserkatze. Das Fell ist fein und seidig, lockt sich am Bauch und fällt häufig auseinander. Die Fellfarbe ist weiß mit rotbraunen Abzeichen an Kopf und Schwanz. Manchmal zeigt sich der Schwanz regelrecht gestreift. Rote Markierungen am Rücken sind erlaubt.

Temperament

Es handelt sich um eine sanftmütige Katze von gutem Charakter, freundlich und aufgeschlossen gegenüber ihren Haltern, aber auch gegenüber Fremden. Die Katze ist ausgesprochen aktiv und verspielt.

Das weiche Fell der Türkisch Van ist wasserabweisend und teilt sich regelrecht, wenn die Katze sich streckt.

Glossar

Abzeichen
Farbliche Markierungen am Körper, normalerweise im Gesicht, an den Ohren, Beinen, Pfoten und am Schwanz. Die Abzeichen der Siam sind dunkler als die Körperfarbe des Tieres. Auch Points genannt.

Aufhellen
Ein Gen sorgt für die Aufhellung der jeweiligen Farbe.

Blau
Aufgehelltes Schwarz, das von Silbergrau bis Schiefergrau reicht.

Blesse
Eine klare Markierung in Kontrastfarben, die von der Stirn bis zu den Nasenlöchern verläuft.

Calico
Schildpatt mit Weiß. Siehe auch Schildpatt.

Chocolate
Dunkelbraune Fellfarbe.

Creme
Aufgehelltes Kupfer bzw. Rot.

Doppellagiges Fell
Dichte, feine Unterwolle wird von glattem Deckhaar überlagert.

Gebänder
Das Haar ist mehrfach gebändert. Die klassische Abessinierfärbung wird durch das Agouti-Gen verursacht und daher häufig auch „Agouti“ genannt.

Geistermarkierung
Feine Tabbymusterung, die sich bei manchen Vollfarb-Katzen zeigt, vor allem bei Jungtieren.

Gestromt
Eines der vier Tabbymuster. Auch „Classic“ genannt.

Getigert
Das klassische Mackerel-Muster der Tabbys. Schmale, nicht unterbrochene Linien verlaufen von der Wirbelsäule aus vertikal nach unten. Auch „Mackerel“ genannt.

Getupft
Eine der vier klassischen Tabby-Zeichnungen, bei der die Linien der getigerten Variante durchbrochen sind. Auch „Spotted“ genannt.

Haarballen
Die Katze verschlingt beim Putzen Haare, die sich im Magen zusammenballen.

Kastration
Das Entfernen der Hodensäcke beim Kater.

Katzenallergie
Manche Menschen sind gegen Eiweißbestandteile im Speichel der Tiere allergisch. Diese halten sich auch auf Haaren.

Katzenminze
Eine krautige Pflanze von minzigem Geruch, von welcher Katzen sich stark angezogen fühlen.

Lavendel
Aufgehelltes Chocolate. Auch als Lilac oder Platinum bekannt.

Lilac
Siehe Lavendel.

Maske
Dunklere Abzeichen im Gesicht, zum Beispiel bei Siamkatzen.

Reinrassig
Dieses Tier hat ausschließlich Vorfahren, die von derselben Rasse sind.

Rot
Fellfarbe, die durch ein Gen hervorgerufen wird, das beinahe alle Katzen besitzen.

Schildpatt
Fellfarbe, bei der sich Rot, Weiß und Schwarz mischen. Gewöhnlich bei weiblichen Katzen.

Schwarz
Die dunkelste aller Fellfarben, die während des Fellwechsels mitunter einen Rostton annimmt.

Self
Einfarbige Katze.

Smoke
Dunkles Deckhaar über heller Unterwolle. Siehe auch Spitzenfärbung.

Spitzenfärbung
Manche Tiere weisen an der Spitze des Einzelhaares eine andere Färbung auf als am Haaransatz. Geringe Spitzenfärbung nennt man Smoke, intensivere Färbung Shaded. Bei sehr geringem Farbunterschied zwischen den beiden Farbzonen spricht man von Frosted.

Stammbaum
Eine Katze mit einem Stammbaum, der ihre Abstammung nachzeichnet. Eine Stammbaum-Katze muss nicht reinrassig sein, denn bei einigen Rassen ist die Einkreuzung anderer Rassen erlaubt.

Standard
Die Rassevorschriften der Zuchtverbände, die festlegen, wie eine Rasse genau auszusehen hat.

Sterilisation
Das Entfernen oder Durchtrennen der Eierstöcke bei der weiblichen Katze. Aus diesem Grund handelt es sich eigentlich auch hier um eine „Kastration". Bei der Sterilisation werden die Eileiter nur unterbunden, die Katze wird weiterhin rollig, was sie zu sehr belastet.

Streuner
Eine Katze ohne festes Heim und ohne Halter.

Tabby
Das dominante Tabby-Gen führt zu vier verschiedenen Fellfarben: Getigert, Gestromt, Getupft und Gebändert (Abessinierfärbung).

Vollfarbe
Das Fell weist nur eine einzige Farbe auf.

Zweifarbig
Eine Katze, die eine Vollfarbe und weiße Markierungen zeigt.

Zweifarbige Augen
Meist ein blaues und ein gelbes, grünes oder kupferfarbenes Auge.

Register

Seitenzahlen in Kursivschrift beziehen sich auf Abbildungen.

Bildnachweis

AL = Alexis; A/JC = Anipix/Jan Castrium; B = Bios; BC = Bruce Coleman; C = Cogis; D = Dammon; DVZ = Dries van Zyl; E&PB = Erwin & Peggy Bauer; FL = Fredrik Løvik (www.wazabees.no); FN = Foto Natura; G = Gissey; GM = (c) Graham Meadows Ltd, www.gmphotolibrary.com; H = Hermeline; HR = Hans Reinhard; Helmi = Helmi Flick Cat Photography; JB = Jane Burton; JJ = Johnny Johnson; KH = Klein-Hubert; KT = Kim Taylor; L = Lanceau; LH = Leonard Hoffmann; O = Okapia; PB = Picture Box; PA/HCK = Photo-Access/Hans Christoph Kappel/naturepl.com; PVG = Paul van Gaalen; RC = R Cavinaux; RR = Ramona Richter/Tierfotoagentur; RM = Robert Maier; SIL = Struik Image Library; ST = Sally-Anne Thompson; V = Vidal; WP = Warren Photographic.

Abkürzungen: o = oben, u = unten, r = rechts, l = links

2 WP/JB
3 WP/JB
4 WP/JB
6–7 WP/JB
8 WP/JB
10 GM
11 BC/E&PB
12 (o) WP/JB
12 (u) GM
13 (o) WP/JB
13 (u) BC/JB
14 WP/JB
15 WP/JB
16 GM
17 (o) GM
17 (u) GM
18 ST
19 A/JC
20 C/H
21 C/H
22 BC/HR
24 C/AL
25 (o) GM
25 (u) GM
26 (o) ST
26 (u) WP/JB
27 (o) ST
27 (u) GM
28 WP/JB
29 (o) ST
29 (u) BC/JB
29 (u) BC/JB
30 BC/JB
31 WP/JB
32 GM
33 BC/JB
34 WP/JB
35 WP/JB
36 WP/JB
37 (o) GM
37 (u) GM
38 PB
39 BC/HR
40 C/H
41 (o) BC/HR
41 (u) WP/JB
42 WP/JB
43 (l) WP/JB
43 (r) WP/JB
44 ST
45 A/JC
46 (o) BC/RM
46 (l) WP/JB
46 (r) A/JC
47 C/H
48 WP/JB
50 C/V
51 C/H
52 WP/JB
54 SIL
55 SIL
57 SIL
58 GM
59 SIL
60 ST
61 SIL
63 SIL
64 ST
66 BC/JB
67 BC/HR
68 WP/JB
69 WP/JB
70 GM
71 BC/KT
73 WP/JB
74 BC/JB
75 BC/JB
76 BC/JB
77 BC/JB
78 BC/JB
81 C/D
82 BC/JB
83 JC/FN
84 A/JC
85 PB
86 WP/JB
87 WP/JB
88 BC
89 WP/JB
90 WP/JB
92 A/JC
93 GM
94 GM
95 WP/JB
96 WP/JB
98 WP/JB
101 WP/JB
102 GM
105 GM
106 A/JC
107 A/JC
108 GM
110 KH/FN
111 (o) ST
111 (u) BC/KT
112 GM
113 C/L
114 (o) GM
114 (u) WP/JB
115 GM
116 WP/JB
117 GM
119 GM
132 GM
133 SIL
134 GM
135 GM
136 KH/Q/FN
137 RC/B/FN
138 GM
139 KH/B/FN
143 PC/HCK
144–145 C/G
152 Helmi
153 Alan Robinson
154–159 GM
160 Helmi
161–165 GM
166 Geraldine Cupido
167 (o) GM
167 (u) Nicholas Aldridge
168–169 Helmi
170–173 GM
174–175 FL
176–185 GM

Cover RR

Erstveröffentlichung 2004 unter dem Titel „The complete guide to caring for your cat“ New Holland Publishers Ltd

Genehmigte Lizenzausgabe
EDITION XXL GmbH
Fränkisch-Crumbach 2007
www.edition-xxl.de

Layout, Satz und Umschlaggestaltung:
SAMMÜLLER KREATIV GmbH

ISBN (13) 978-3-89736-298-7
ISBN (10) 3-89736-298-8